Altium Designer
入门与提高

张明宇 单云霄 顾 礼◎编著

清华大学出版社
北京

<h1 style="text-align:center">内 容 简 介</h1>

本书基于 Altium Designer 20 编写而成,共 8 章,依次介绍了 Altium Designer 20 基础、原理图设计、层次原理图设计、电路板设计及后期制作、元件库与元件封装制作、高速电路设计、电路仿真技术、综合案例等。

本书主要根据应用型人才培养的教学特点,增加典型的操作实例来加强教学效果,同时利用实例可以进行课堂同步演练,提高学生的动手能力,达到学以致用、以学促用的教学目的。本书从软件的发展历史、软件的安装和软件的初始化环境介绍软件的操作使用,并增加了高速电路设计和电路仿真等技能提升知识。本书介绍知识内容由浅入深,从易到难,循序渐进,图文并茂,便于学生理解和领会。每章开始都注明知识点,以便读者能够更好把握学习的重点。

本书可作为 Altium Designer 20 初学者入门和实践技能提高者的学习指导用书,也可作为各大中专院校和职业教育、培训机构的专业教材,还可作为电路设计及相关行业工程技术人员的学习参考书。

图书在版编目(CIP)数据

Altium Designer 入门与提高/张明宇,单云霄,顾礼编著.—北京:清华大学出版社,2023.6
ISBN 978-7-302-63502-4

Ⅰ.①A… Ⅱ.①张… ②单… ③顾… Ⅲ.①印刷电路—计算机辅助设计—应用软件 Ⅳ.①TN410.2

中国国家版本馆 CIP 数据核字(2023)第 083311 号

责任编辑:赵 凯
封面设计:刘 键
责任校对:胡伟民
责任印制:沈 露

出版发行:清华大学出版社
    网　　　址:http://www.tup.com.cn,http://www.wqbook.com
    地　　　址:北京清华大学学研大厦 A 座　　　邮　　编:100084
    社 总 机:010-83470000　　　邮　　购:010-62786544
    投稿与读者服务:010-62776969,c-service@tup.tsinghua.edu.cn
    质量反馈:010-62772015,zhiliang@tup.tsinghua.edu.cn
    课件下载:http://www.tup.com.cn,010-83470236
印 装 者:三河市君旺印务有限公司
经　　销:全国新华书店
开　　本:185mm×260mm　　印　　张:16.75　　　字　　数:422 千字
版　　次:2023 年 8 月第 1 版　　　印　　次:2023 年 8 月第 1 次印刷
印　　数:1~1500
定　　价:79.00 元

产品编号:094808-01

前言

印制电路板(Printed Circuit Board,PCB)是电子元器件的支撑体,是电子元器件电气相互连接的载体,广泛存在于电子产品中。PCB是所有电子元器件、微型集成电路芯片、现场可编程门阵列(Field Programmable Gate Array,FPGA)芯片、机电部件以及嵌入式软件的载体。PCB行业应用领域至今几乎涉及所有的电子产品,主要包括通信、航天航空、工控医疗、消费电子、汽车电子等行业。在当前云技术、5G、大数据、人工智能、共享经济、工业4.0、物联网等加速演变的大环境下,作为"电子产品之母"的PCB行业将成为整个电子产业链中承上启下的基础力量。PCB设计和应用越来越复杂,需要更复杂的电子自动化设计软件来支持。计算机辅助设计(Computer Aided Design,CAD)起到了很大的作用,设计者使用计算机来完成电子线路的设计过程,包括电路原理图编辑、电路功能仿真、工作环境模拟、印制板设计(自动布局、自动布线)与检测等。

Altium Designer是原Protel软件开发商Altium公司推出的一体化的电子产品开发系统,主要运行在Windows操作系统,该软件通过把原理图设计、电路仿真、PCB绘制编辑、拓扑逻辑自动布线、信号完整性分析和设计输出等技术完美融合,为设计者提供了全新的设计解决方案,使设计者可以轻松进行设计,熟练使用这一软件使电路设计的质量和效率大大提高,当前最新版本是Altium Designer 22。

本书围绕"高校培养什么样的人、如何培养人以及为谁培养人"开展教学,满足职业教育背景下应用型人才培养。本书可作为高职高专院校电子信息类、电气类、自动控制类、机电类等专业和相关培训机构的电子线路CAD课程教材,也可作为从事电路设计工作的技术人员和电子技术爱好者的实用参考书。

"培养什么样的人"——培养身具"大国工匠"精神的高素质人才:部分章节中增加实例实现教学内容的讲解,以便加强教学效果,同时利用综合实例内容进行课堂同步演练,提高学生的动手能力。培养学生面对新一轮科技革命和产业变革的正确道德认知、价值标准和职业精神,引导他们树立服务国家战略的理念情怀和促进人类和谐的人文精神。

"如何培养人"——培养创新实践能力突出的"高技能"人才:通过对电路设计工具软件的专业讲授,剖析国内电路设计软件的异同,注重引导学生攻坚克难,自主创新的意识。

"为谁培养人"——培养"爱党报国"和"服务人民"的社会主义人才:扩展学生对电路板产业发展的全局眼光,认识到电路板产业对国家技术安全、信息安全、行业应用等方面的意义。将"爱国精神"等融入课堂,让学生树立"为中华崛起而读书"的爱国情怀。

全书共分8章,各章节内容编排如下:

第1章Altium Designer 20概述及安装,主要介绍Altium Designer 20软件的发展历程、特点、安装、基本操作、界面功能等内容。

第 2 章原理图的设计,主要介绍如何进行原理图环境参数设计并设计原理图。

第 3 章层次原理图的设计,主要介绍层次原理图的设计和层次原理图之间的切换。

第 4 章电路板设计及后期处理,主要介绍印制电路板设计的基本概念、编辑环境,学习 PCB 绘图工具栏,对元器件进行布局和布线,完成设计规则检查等具体操作。

第 5 章创建元件库及元件封装,详细介绍元件库与元件封装的制作。

第 6 章高速电路设计功能,介绍高速电路设计技巧。

第 7 章电路仿真技术,介绍 Altium Designer 20 软件的电路仿真功能。

第 8 章综合案例——单片机实验系统,主要以 ATmega32U4 型号的单片机实验系统的设计为例介绍整个工程项目的设计过程。

本书获吉林工程技术师范学院教材建设基金资助,由吉林工程技术师范学院张明宇副教授、中山大学单云霄副教授、深圳信息职业技术学院顾礼助理研究员编著。舒兰市职业高级中学杜铭珊老师、长春工业技术学校李欣悦老师、吉林工程技术师范学院电子信息工程专业刘圣剑、陈宏坤、乔语航、王玉鑫、刘国媛、魏萌萌等同学也参与了教材的案例设计与文字校对等工作。

感谢选用本书进行学习。

由于编者水平有限,书中难免有错误或疏漏之处,敬请读者批评指正。

目录

第 **1** 章

Altium Designer 20概述及安装

本章知识点：

1. 掌握 Altium Designer 20 软件的安装、启动和关闭。

2. 掌握 Altium Designer 20 界面的窗口组成及各部分作用。

随着电子科技的蓬勃发展，新型电子元器件层出不穷，电子线路变得越来越复杂，电路的设计工作已经无法单纯依靠手工来完成，越来越多的设计人员使用高效、快捷的计算机辅助设计(Computer Aided Design,CAD)软件来进行辅助设计电路原理图、印制电路板图和输出各种报表。电子行业发展至今，电子设计自动化(Electronic Design Automation,EDA)软件可谓功不可没，从芯片的设计到电路板的设计，EDA 软件发挥着重要作用，EDA 软件的熟练使用是电子硬件工程师必备的专业技能之一。电子行业内常用的原理图和 PCB 组合中，主流为三家国外 EDA 软件：Altium 公司的 AD 软件；Cadence 公司的 Orcad＋Allegro；Mentor 公司的 Dx Designer＋Pads。国内 EDA 软件的发展也比较迅速，比如立创EDA、青越锋等。

Altium 公司软件在国内的市场应用率一直领先，Altium Designer 20(AD20)是一款强大完整的原理图和布局环境软件，专业的统一设计系统，高生产率的无压力环境和原生三维印制电路板编辑器。最明显的优点就是可以创建用于 PCB 装配的精准三维模型，并可导出为符合行业标准的文件格式，使用户在第一时间便可知道所生产出来的 PCB 是否与机械结构相匹配。本章主要介绍 Altium Designer 20 的发展历程、特点、安装、基本操作、界面功能等内容。

1.1　Altium Designer 的发展历程及特点

1.1.1　Altium Designer 发展历程

Altium Designer 起始于 1985 年，由 Nick Martin 创建了首个版本 Protel PCB，Altium公司开创后一直在研发、创作和销售电子设计工具(软件以及硬件)。除了全面继承包括Protel 99SE、Protel DXP 在内的先前一系列版本的功能和优点外，Altium Designer 在单一设计环境中集成了电路板设计、FPGA、SOPC(System On a Programmable Chip,可编程片上系统)系统设计、基于各种嵌入式处理器的系统设计、PCB版图设计和编辑功能,具有将一个嵌入式系统从概念转变成最终方案所需的全部功能,其发展历程如下:

1985年诞生DOS版Protel。

1991年发行了Protel for Windows版本。

1998年发布了Protel 98版,针对Microsoft Windows NT/95/98的全套32位设计组件,极大提高了软件性能。

1999年推出Protel 99版,构成从电路设计到真实电路板分析的完整体系的概念。

2002年推出Protel DXP集成了更多工具。

2004年推出Protel DXP 2004,集成了FPGA设计模块。

2006年推出Altium Designer 6.0版,打造了一体化电子产品开发系统的一个新版本。

2008年推出Altium Designer Summer 08版,将ECAD和MCAD两种文件格式结合在一起,为用户带来了全面验证机械设计(如外壳与电子组件)与电气特性关系的能力,还加入了对OrCAD和Power PCB的支持能力。

2009年推出Altium Designer Winter 09版,引入新的设计技术和理念、全三维PCB设计环境,避免出现错误和不准确的模型设计。

2010年,推出Altium Designer 10版本,首次提出了数据保险库技术概念,并一直沿用至今。

2012年发布的Altium Designer 13中引进了DXP2.0技术,其下一代集成平台将会把Altium Designer软件开放给第三方开发者。

2013年发布了Altium Designer 14版本,新增加了多个功能,包括真正的装配变量支持、折叠刚柔step模型导出、提高了等长调整的布线速度和效率、极坐标网格放置元器件自动旋转等。

2015年推出AD 16版本,Altium与知名的三维电磁仿真软件公司CST合作,将CST的场解器整合到AD设计软件中,AD也拥有了信号完整性/电源完整性仿真功能。AD 16.1以后的版本新增功能Draftsman的使用。

2016年发布AD 17版本,支持64位操作系统。

2017年推出了AD 18版本,利用统一设计环境,在常规设计功能之外增加了多板系统设计、使用触摸控件进行设计、刚柔结合(Rigid-Flex)设计、高速设计、信号完整性分析等强化功能。

2018年推出了AD 19,本次升级对AD 18版本的部分功能进行了更新和强化,打造了Dark暗夜风格的全新用户界面(User Interface,UI)。

2019年底,推出了Altium Designer 2020(以下简称为AD 20)。作为一款综合电子产品,使用64位体系结构和多线程结合实现了在PCB设计中更大的稳定性、更快的速度和更强的功能。下面以RC滤波电路为例,图1-1至图1-4分别为RC滤波电路原理图、PCB图(二维)、PCB正面3D图和PCB背面3D图。

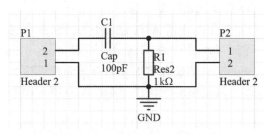

图 1-1 RC 滤波电路原理图

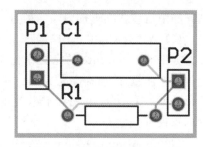

图 1-2 RC 滤波电路 PCB 图

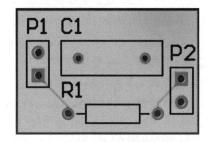

图 1-3 RC 滤波电路 PCB 正面 3D 图

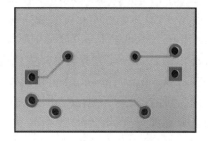

图 1-4 RC 滤波电路 PCB 背面 3D 图

1.1.2 Altium Designer 20 的特点

Altium Designer 20 继承了简单易用的 PCB 设计及原理图捕获的集成方法，可以创建用于 PCB 装配的精准 3D 模型，并可导出为符合行业标准的文件格式，便于知道所生产出来的 PCB 是否与机械结构相匹配。Altium designer 20 显著地提高了用户体验和效率，利用时尚界面使设计流程流线化，同时实现了前所未有的性能优化。使用 64 位体系结构和多线程的结合实现了在 PCB 设计中更大的稳定性、更快的速度和更强的功能。它的特点主要体现在如下几个方面。

1. 主题的切换

Altium Designer 20 提供了两种主题，主题的切换方法如下：在 Altium Designer 20 的操作环境中，执行菜单命令"Tools"→"Preferences"进入系统参数设置窗口；找到"System-View"选项卡，在"UI Theme"处进行切换，切换成"Altium Light Gray"或"Altium Dark Gray"选项。

2. ActiveRoute 功能改进

ActiveRoute 是一项提供高效多网络布线算法的自动交互式布线技术，适用于工程师选定的特定连接或网络。ActiveRoute 并非自动布线器，因此不需要大量设置处理整块板。Altium Designer 20 对现有的 ActiveRoute 功能做了大量改进，并添加了许多新功能。

（1）ActiveRoute 遵循 PCB 设计规则定义的标准和限制，因此若要使用 ActiveRoute，仅需要选择并运行感兴趣的连接或网络即可。ActiveRoute 的确有许多特定的控制功能，这些功能均配置在扩展的 PCB ActiveRoute 面板中。

（2）ActiveRoute 的主要目标之一是找到最短的整套布线长度，而这可能不是每套连接的理想路径。Route Guide 为工程师提供可用于绘制特定路径的工具。工程师常常希望选定的连接可以沿特定路径布线，即使该路径不是最短的。使用 Route Guide 功能中心的 Track-Track Space，可以指示 ActiveRoute 沿 Route Guide 的宽度分散路线。使用滑动块选择间距值或在编辑框内输入值,Route Guide 将自动调整至设定值。

（3）ActiveRoute 试图沿最短的可能路径布置选定的连接,即通过最小的弯曲量实现连接。如果 ActiveRoute 的完成率低于预期,工程师可通过新的 Meander 控制 ActiveRoute 允许的弯曲量,从而提高完成率。默认的最大 Meander 设置为 100%,意味着布线可达到曼哈顿长度加上 100% 的曼哈顿长度的总布线长度。可使用滑动块选择 Meander 值或在编辑框内输入百分比。

（4）在 Altium Designer 20 中,ActiveRoute 添加了支持自动调整布线长度的功能,试图满足选定的 Matched Length 设计规则。将 ActiveRoute 配置为长度调整模式的方法如下:启用 PCB ActiveRoute 面板"Action"部分中的"Tune Selected"复选框,启用 PCB ActiveRoute 面板的"Tune"部分中所需的 Matched Length 设计长度,在 PCB ActiveRoute 面板的"Tune"部分配置所需的最大幅度和最小间距设置（选择单端或差分对）。

（5）Altium Designer 20 包括强大的引脚和部件交换系统,连接在原理图和 PCB 编辑器之间。目前,如果 ActiveRoute 为了减少整体布线长度且提高布线质量,ActiveRoute 可访问引脚交换设置,并在布线期间交换引脚。在进行任何引脚交换之前（交互式或通过 ActiveRoute）,必须在每次打开工程时对工程进行编译。若要配置和管理元器件的引脚交换设置,在原理图设计中,执行"工具-配置引脚交换"命令,打开"在元器件中配置引脚交换信息"对话框。在 PCB 设计中执行"布线-ActiveRout"命令,打开 PCB ActiveRoute 面板"Action"部分的"Pin Swap Routing"复选框,启用 PCB ActiveRoute 面板的"Pin Swap"部分所需的元器件。

（6）布线质量提高。球栅阵列封装（Ball Grid Array,BGA）扇出已有了极大改善,偏向于直接进行 BGA 扇出,而无须反复启用 BGA;改进了对过孔周围差分对进行打包以获得排序权的支持,尽可能直接扇出;诸多微小修复解决了过度弯曲和锐角等问题;更好地支持 Room:当穿过 Room 边界时,平滑过渡的质量有所改善,包括改变边界间距和宽度的差分对;改进了在 BGA 周围使用 Room 的有效性。实证检验已证明将 Room 外差分对之间的间隙最多增加至正常间隙的 5 倍,可得到非常干净、高质量的布线。Route Guide 图形:Route Guide 的最大宽度已增加到了 10 倍线宽,可使其用作一般目的的布线保留定义工具;如果只有一层可用,则 Route Guide 采用图层颜色,如果可用多个图层,则以标准的布线导向颜色绘图。

3．反馈改进

可将其他信息添加到 Messages 和 Status 栏中;Status 栏显示刚刚选择的连接数量,例如在使用 Alt+鼠标左键选择连接后,或者在 PCB 面板中选择网络/栅格类别后。因为 PCB 编辑器不断更新 Status 栏以报告当前光标下的对象,因此只要光标移动到另一个对象,选择计数将消失。

4．布线改进

Altium Designer 20 在之前的基础上对布线功能进行了优化,大大提高了设计的效率和规范性,具体改进可以参考以下说明。

主动防止出现锐角及避免环路:在之前版本设计当中,拉线会经常出现锐角走线,锐角走线会增加信号的反射,造成额外的干扰,特别是高速设计中更为明显。为了规避这个现象,Altium 公司在此次软件的升级中就做了这样一个事情,可以让走线按照钝角走线的方式进行。

对差分对的走线优化:无论是走线到焊盘,还是从焊盘走线出去,或是仅在电路板上的障碍物周围绕线,Altium Designer 都能够确保差分对有效耦合在一起。

布线跟随模式:通过电路板的轮廓跟随功能可在刚性和柔性设计中轻松布线。功能升级之后,走线可以跟随板框形状(如圆弧、任意斜边)进行走线。

5. Draftsman 功能改进

通过 Draftsman 的改进功能,可以更轻松地创建 PCB 的制造和装配图纸。执行菜单命令"文件→新的→Draftsman Document",创建装配图纸。创建好图纸之后,可以通过"放置"菜单中的放置命令放置所需要的生产制作信息和装配信息。

6. 无限制地增加机械层

机械层,顾名思义,是进行机械定型的,就是整个 PCB 的外观,其实通常所说的机械层就是指整个 PCB 的外形结构。它也可以用于设置电路板的外形尺寸、数据标记、对齐标记、装配说明及其他机械信息,这些信息因设计公司或 PCB 制造厂家的要求而有所不同。另外,机械层可以附加在其他层上一起输出显示。设计者对机械层可以自定义进行标记。之前的版本对机械层有层数限制,非常不方便,Altium Designer 20 定义了无限制地增加机械层,设计者可以根据自己的设计需要进行添加。

7. 微孔的设计

Altium Designer 20 在层叠里面支持微孔技术,能够加速用户的高密度互联(High Density Interconnection,HDI)设计。按快捷键"DK",进入层叠管理器。可以单击"+"号进行微孔(盲孔、埋孔)的添加,添加几阶的微孔可以直接在"Properties"设置框的"First layer"和"Last layer"中选择。设置完成之后回到 PCB 设计交互界面,在进行走线打孔时可以直接调用。

8. 元器件的回溯功能

Altium Designer 20 支持元器件的回溯功能,在设计好的 PCB 上面移动放置好的元器件,不必对它们重新布线,走线会自动跟随元器件重新布线。此新功能默认是不开启的,如果设计者需要此功能,则需要在系统参数设置窗口中打开。在 PCB 设计交互界面中,按快捷键"TP",快速进入系统参数设置窗口。找到"PCB Editor-Interactive Routing"选项卡,在里面的"Component re-route"处进行勾选,即可打开此功能。

9. 多板的 PCB 设计

多板设计 2.0 的特点:智能配合,解决多板设计这一挑战,确保外壳中多个板子之间有序排列和配合。支持软硬结合板,使用软硬结合板和单板设计创建多板装配件。多板设计 2.0 对常规功能进行改进,逻辑上将多个 PCB 设计项目结合到一个物理装配件系统中,确保多个板子的排列、功能都正常,并且板子间相互配合不会发生冲突。

10. 高级的层叠管理器

层叠管理器已经被完全更新和重新设计,包括阻抗计算、材料库等。层叠阻抗分布管理器用于管理带状线、微带线、单根导线或差分对的多个阻抗分布。

1.2 Altium Designer 20 的安装

Altium Designer 20 运行环境支持 Win XP,Win 2003,Vista,Win 7,Win 8,Win 10,其安装流程与大多数工具软件类似,本书以 Win 10 操作系统为例,简要介绍安装流程。

Altium Designer 20 软件的安装步骤为：

（1）找到 Altium Designer 20 软件的光盘映像文件。操作步骤：在 Altium Designer 20 的"光盘映像文件.ISO"上单击右键，在出现的菜单中选择"装载"操作，具体操作截图如图 1-5 所示，操作后进入如图 1-6 所示界面。

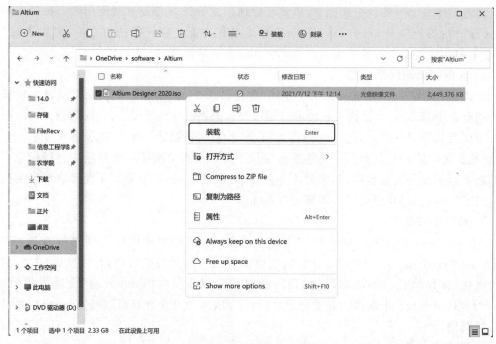

图 1-5　光盘映像文件装载

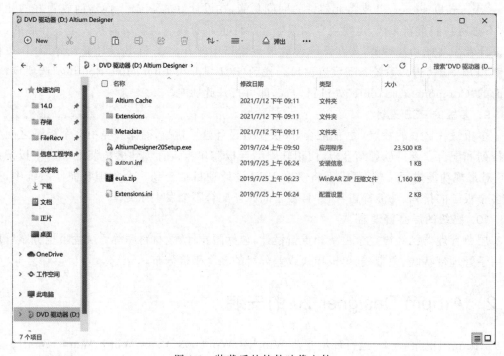

图 1-6　装载后的软件映像文件

（2）在 AltiumDesigner20Setup. exe 上右击选择"以管理员身份运行"操作，操作示意图如图 1-7 所示，操作后弹出"你要允许此应用对你的设备进行更改吗?"对话框，选择"是"，进入 Altium Designer 20 安装初始界面，如图 1-8 所示。

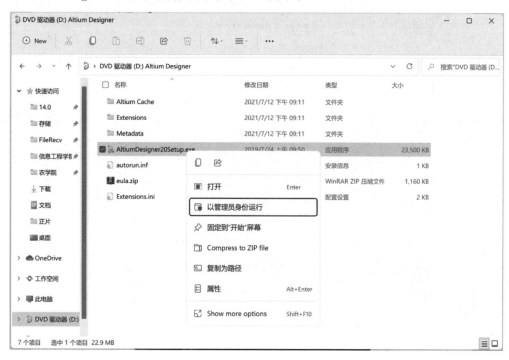

图 1-7　以管理员身份运行安装文件

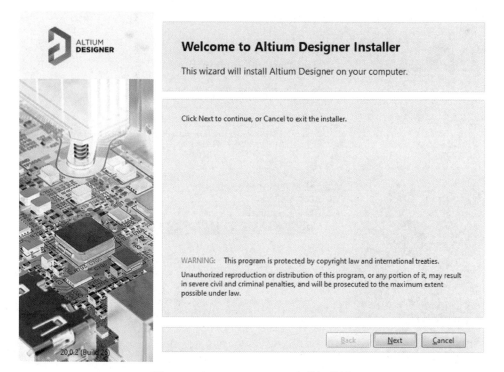

图 1-8　Altium Designer 20 安装初始界面

（3）单击"Next"按钮，进入软件安装授权窗口，在"Select language"下拉列表中选择"Chinese"，选中"l accept the agreement"选项，如图1-9所示。

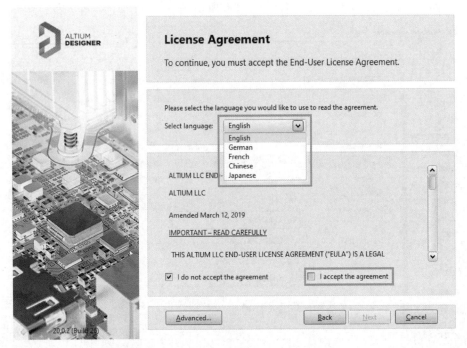

图1-9　Altium Designer 20安装授权许可

（4）单击"Next"按钮，进入选择功能。如果您的计算机支持触控屏，建议勾选最后一项，如图1-10所示。

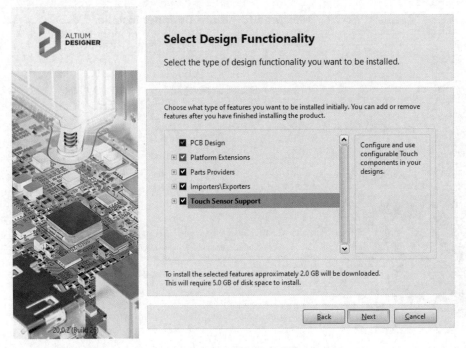

图1-10　选择安装的功能

（5）单击"Next"按钮，进入安装路径选择窗口，一般默认为"C:\Program Files \Altium\AD20"，共享文档一般默认为"C:\Users\Public\Documents\Altium\AD20"，如图 1-11 所示。共享文档为软件元器件库的默认存储位置，若软件初始元器件库安装不全，可以去官网下载。

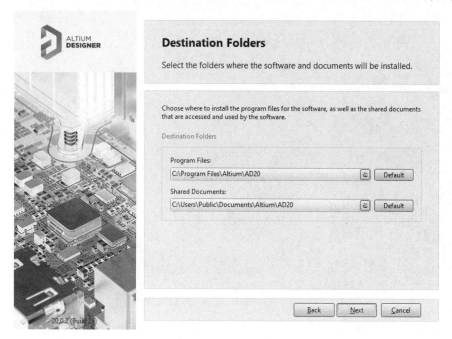

图 1-11　Altium Designer 20 安装路径及共享路径

（6）单击"Next"按钮，弹出对话框提示即将进入程序安装，如图 1-12 所示。单击"Next"按钮，Altium Designer 20 开始安装，弹出安装进度窗口，如图 1-13 所示。

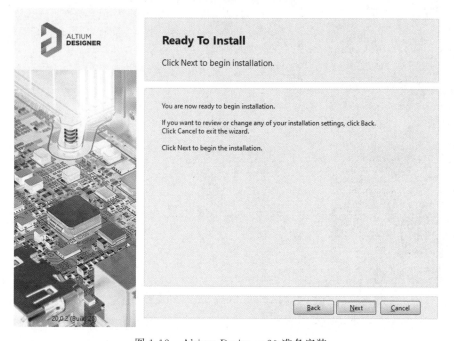

图 1-12　Altium Designer 20 准备安装

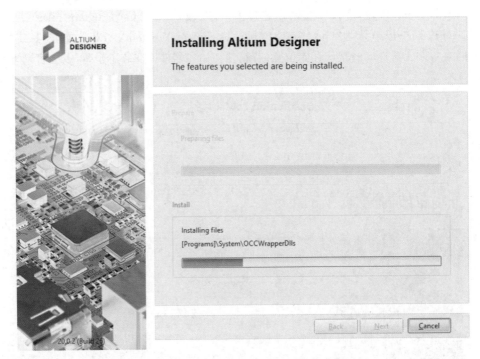

图 1-13　Altium Designer 20 安装进度

（7）安装完成后单击"Finish"按钮，完成 Altium Designer 20 的安装，如图 1-14 所示。

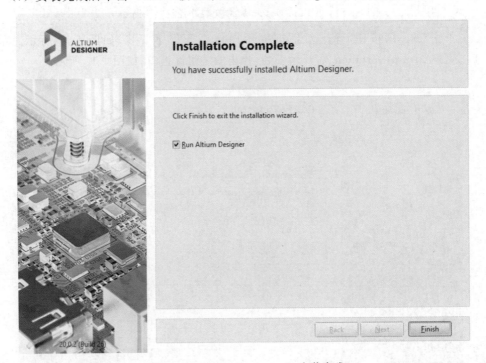

图 1-14　Altium Designer 20 安装完成

（8）首次启动会加载安装库，速度比较慢，并且显示软件可用许可证未授权，单击"Add standalone license file"后，选择已购买的许可证文件（以 .alf 文件后缀），如图 1-15 所示。

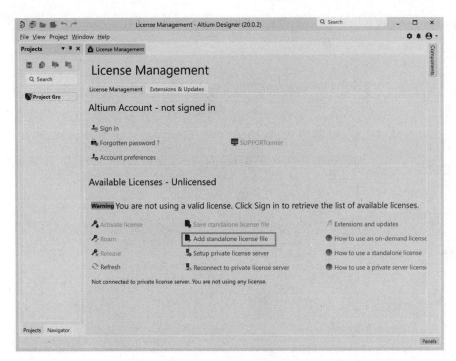

图 1-15 Altium Designer 20 添加许可证文件

（9）更改语言。如图 1-16 所示，启动软件，单击"系统设置"按钮，弹出"Preferences"对话框，如图 1-17 所示，依次找到"System"→"General"→"Localization"，勾选"Use localized resources"，最后单击右下角"Apply"应用更改，单击"OK"关闭对话框，重启软件后即可更改系统语言。

图 1-16 进入界面单击"系统设置"

（10）启动 Altium Designer 20 软件程序，单击 Windows 开始菜单，在应用程序中找到 Altium Designer 20 的程序启动图标，单击软件图标，如图 1-18 所示，即可启动 Altium Designer 20 软件程序。

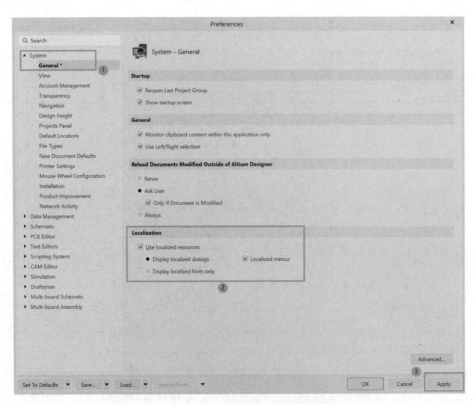

图 1-17　"Preferences"对话框设置使用本地语言

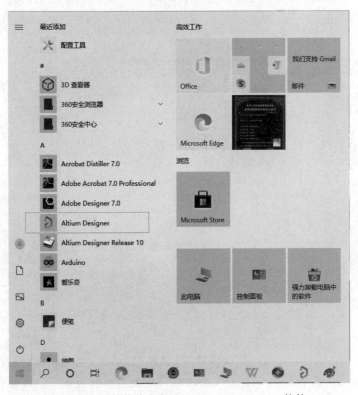

图 1-18　开始菜单中启动 Altium Designer 20 软件

（11）关闭 Altium Designer 20 软件程序，单击软件的右上角关闭快捷工具栏，完成软件的关闭。

1.3　Altium Designer 20 软件主窗口与参数设置

在 Altium Designer 20 启动后，便进入主窗口，如图 1-19 所示。主窗口主要包括菜单工具栏、工作区面板、工作区、隐藏工作区、面板控制区和面板切换等几部分。

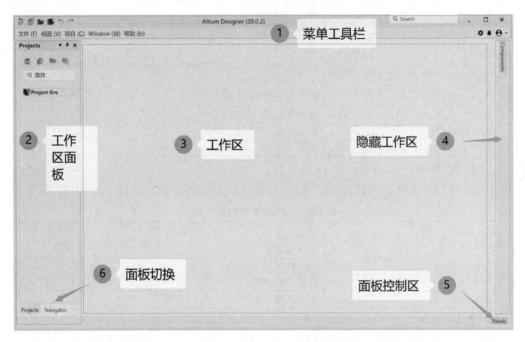

图 1-19　软件界面的主窗口

菜单工具栏主要包括文件的保存、打开文件、打开项目、撤销和重做、最小化、最大化、关闭设置系统参数、注意和当前用户信息等快捷图标和文件、视图、项目、Window 和帮助等菜单。

工作区面板主要用于显示工程目录，包括隐藏工作区面板，如库（元器件）面板；还包括下方的面板切换和面板控制区。

工作区主要显示具体的文件内容。

1. "文件"菜单

本菜单主要用于文件的创建、打开和保存等，在窗口界面的菜单如图 1-20 所示，其详细功能介绍如表 1-1 所示。

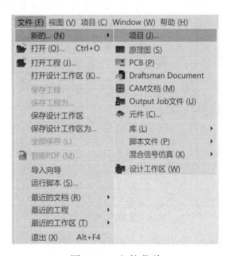

图 1-20　文件菜单

表 1-1　"文件"菜单功能介绍

命　　令	命　令　解　释
新的	新建各种文件
打开	打开各种文件
打开工程	打开各种工程文件
打开设计工作区	打开设计工作区
保存工程	保存当前工程
保存工程为	另存当前工程
保存设计工作区	保存当前设计工作区
保存设计工作区为	另存当前设计工作区
全部保存	保存当前所有工作区
智能 PDF	生成 PDF 格式文件
导入向导	别的版本文件导入 Altium Designer 20 中的设计文件
运行脚本	导入新的元器件
最近的文档	显示最近使用的文档
最近的工程	显示最近使用的工程项目
最近的工作区	显示最近使用的工作区
退出	退出 Altium Designer 20 软件

2．"视图"菜单

该菜单用于查看和调用软件的工具栏、面板、状态栏等,其详细功能介绍如表 1-2 所示。

表 1-2　"视图"菜单功能介绍

命　　令	命　令　解　释
工具栏	显示或隐藏各工具栏
面板	调用各工作区面板
状态栏	显示或隐藏状态栏
命令状态	显示或隐藏命令栏

3．"项目"菜单

菜单主要用于整个项目,包括编译项目、打开已存在工程、进行项目存档和设置当前工程的选项等,其详细功能介绍如表 1-3 所示。

表 1-3　"工程"菜单功能介绍

命　　令	命　令　解　释
Complie(编译)	编译选定项目
显示差异	显示与选定项目比较的不同点
添加已有文档到工程	打开已有文件到当前工程中
从工程中移除	从当前工程删除选定文件
添加已有工程	打开已存在工程
工程文件	打开项目中的选定文件
版本控制	确定各个版本
项目打包	进行项目存档
工程选项	设置当前工程的选项

4．"Window"菜单

该菜单主要用于对已打开窗口进行管理,包括"水平放置所有窗口""垂直放置所有窗口"和"关闭所有"3 个命令。

5．"帮助"菜单

该菜单提供软件的各项帮助功能,包括 Altium Designer 新功能、探索 Altium Designer、许可、快捷键、用户论坛、软件版本及序列号管理等,本功能需要计算机连接互联网。

6. "设置系统参数"工具栏

单击该图标启动"优选项"对话框,如图 1-21 所示,可以实现对整个软件功能的配置,并且管理所有系统参数。

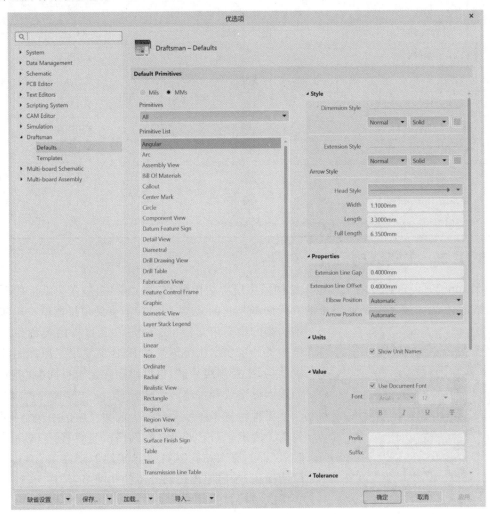

图 1-21　"优选项"对话框

7. "通知"工具栏

访问 Altium Designer 系统通知,有通知时,该图标将显示一个数字。

8. "当前用户信息"工具栏

主要用于访问论坛、登录服务器和管理账户及扩展插件等。

1.4　Altium Designer 20 文件管理

在开始学习使用 Altium Designer 20 软件之前,首先介绍该软件常用的文件类型和文档组织结构,以便用户更好地进行项目工程开发设计。

1.4.1　文件类型

利用 Altium Designer 20 进行电路设计时,常用的文件类型有原理图、原理图元件库、PCB 等,可根据不同的设计任务选择对应的文件类型,详细介绍如表 1-4 所示。

表 1-4　常用文件类型

设计文件名	图　标	文件后缀
PCB 工程文件		PrjPCB
原理图文件		SchDoc
PCB 文件		PcbDoc
集成库工程文件		LibPkg
原理图库文件		SchLib
PCB 元件库文件		PcbLib
焊盘过孔库文件		PvLib
CAM 文件		Cam

1.4.2　文档结构

Altium Designer 20 的文档组织结构采用层次结构类,本质上说,把整张图纸上的器件和网络定义成一个子类,这张图纸的上级图纸是它的父类,一直向上直到顶层图纸——层次结构类的最高级父类(或超级类)。这样的类称作层次结构类。层次结构类不仅在 PCB 中复现了原理图的层次结构,支持高级导航,也可以用在逻辑查询中,例如作为规则设定或者过滤的范畴界定。

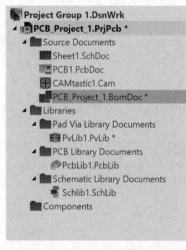

图 1-22　项目的文档组织结构

工程中每张图纸会自动生成相对应的层次结构类,包括了图纸中所有的器件和网络。当转移到 PCB 设计时,工程的层次结构就可以忠实地展现在 PCB 上。更简洁描述,按照原理图划分器件和网络,是在 PCB 上建立层次结构类的背后推动力。使用层次结构类,可以定义任何深度的层次。层次结构类主要是由工程中的原理图结构定义的,但是用户可以在 PCB 上根据需要添加、管理和删除层次结构类。设计工作区中项目的文档组织结构如图 1-22 所示。

1.4.3　文件管理系统

Altium Designer 20 的"Projects(工程)"面板提供了两种文件:工程文件和设计时生成的自由文件。设计时生成的文件可以放在工程文件中,也可以放在自由文件中。自由文件在存盘时,是以单个文件的形式存入,而不是以工程文件的形式整体存盘。工程文件一般包括原理图和 PCB 文件、封装库等,通常利用一个工程文件对其管理可以提高开发效率。该文档管理理念类似于 Windows 系统中将不同的文件利用文件夹进行分类管理。

　　通常一个完整的工程项目应该由原理图文件、PCB 文件、原理图库文件和 PCB 元件库文件四个基本文件组成。

　　我们以新建工程、添加原理图文件和 PCB 文件等操作为例，介绍 Altium Designer 20软件的标准工程创建操作。

1. 新建工程项目文件

　　操作步骤为"文件"→"新的"→"项目"，弹出对话框如图 1-23 所示，主要可以选择存储的位置、工程类型、工程名称和存储路径等参数，设定好后单击"Create"，生产的新工程如图 1-24 所示，至此创建了一个文件名为 PCB_Project_5 的空工程文件。

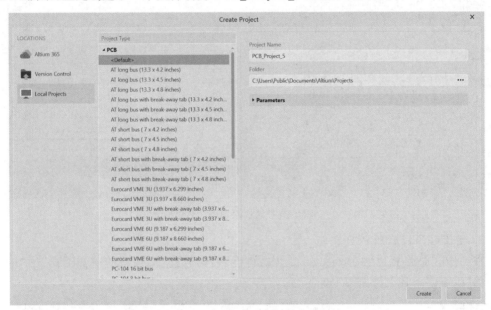

图 1-23　创建 PCB 工程对话框

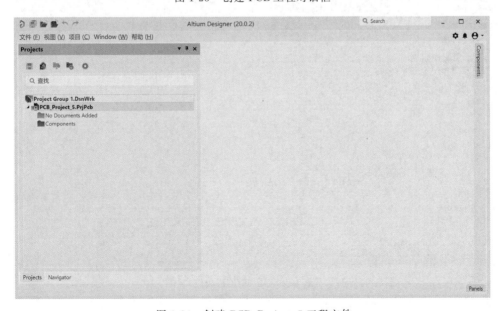

图 1-24　创建 PCB_Project_5 工程文件

2. 给工程项目添加原理图文件

在工作区面板中 PCB_Project_5 工程文件上，右击选择"添加新的…到工程"→"Schematic"，新建的"Sheet1"原理图文件如图 1-25 所示。

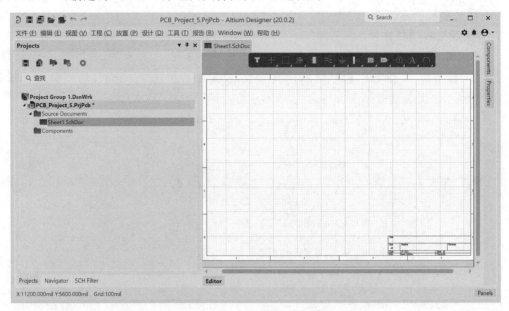

图 1-25　添加原理图文件

3. 给工程项目添加 PCB 文件

在工作区面板中 PCB_Project_5 工程文件上，右击选择"添加新的…到工程"→"Pcb"，新建的"PCB1"PCB 文件如图 1-26 所示。

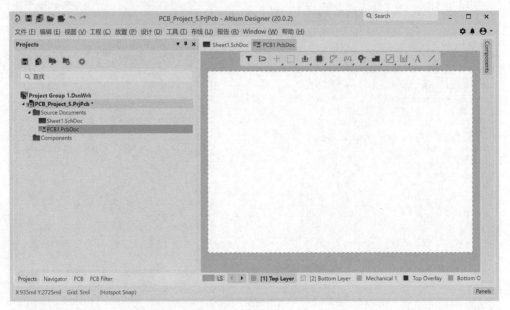

图 1-26　添加 PCB 文件

4. 给工程项目添加原理图库文件

在工作区面板中 PCB_Project_5 工程文件上，右击选择"添加新的…到工程"→"Schematic Library"，新建的"Schlib1"原理图库文件如图 1-27 所示。此时需要在软件的左下角进行面板切换来返回到"Projects(工程)"面板界面。

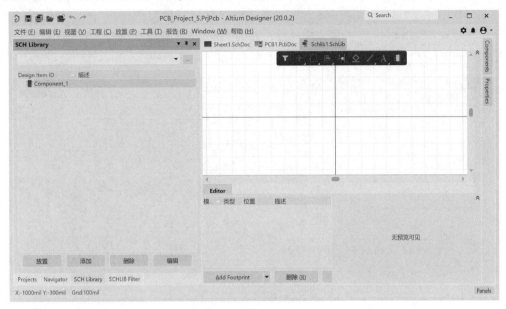

图 1-27　添加原理图库文件

5. 给工程项目添加 PCB 元件库文件

在工作区面板中 PCB_Project_5 工程文件上，右击选择"添加新的…到工程"→"PCB Library"，新建的"Pcblib1"PCB 元件库如图 1-28 所示。

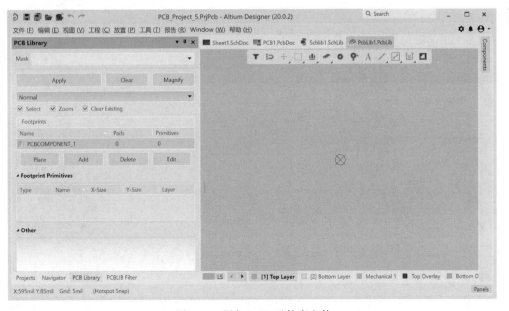

图 1-28　添加 PCB 元件库文件

6. 保存工程

在软件的左下角进行面板切换返回到"Projects(工程)"面板界面,如图 1-29 所示。选择"文件"→"保存工程为",弹出保存对话框,单击"保存"按钮,完成 PCB 文件保存后弹出对话框;单击"保存"完成原理图库文件保存后弹出对话框;单击"保存"完成 PCB 元件库文件保存后弹出对话框;单击"保存"完成原理图文件保存后弹出对话框,如图 1-30 所示,单击"保存"完成 PCB_Project_5 工程文件保存。此时发现,文件的右上角"*"号消失,表示该文件已经保存。

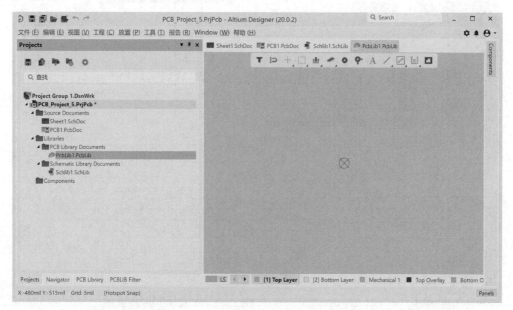

图 1-29　返回到"Projects 工程"面板界面

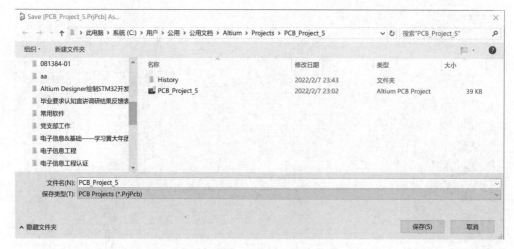

图 1-30　工程保存对话框

7. 关闭工程

在工作区面板中 PCB_Project_5 工程文件上,右击选择"Close Project",此时界面如图 1-31 所示。

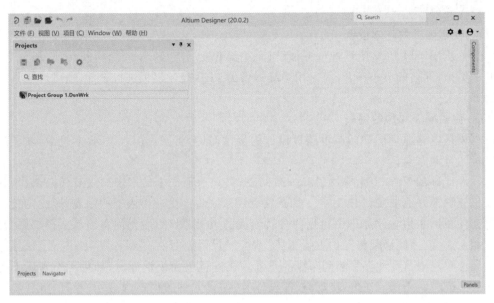

图 1-31　工程关闭后软件界面

1.5　PCB 电路设计流程

电路板制作是一门专业的学问,涉及很多方面的知识,如电学、磁学、美学、机械学、空间想象思维等,还需要了解市场行情等。可以说,一块简单或要求不高的电路板,只要学会了使用制作工具就可以制作。但一块好的要求高的电路板,从原理图的优化设计,到 PCB 的合理布置都要经过精心的考虑。电路板的绘制要有讲究,不能随便放置元件,在考虑电气性能通过良好的基础上,要考虑到元件的大小、高低搭配一致,做到有层次感。电路板上属于同一功能块的元件应尽量放在一起,发热量大的元件要用较宽的覆铜区把元件底部与元件外的空区域连接在一起,利用铜的良导热性把热量导到外面的大面积处,增大散热面积,便于散热。好的电路板需要考虑线路简洁,电路通畅,电磁兼容,抗干扰能力强,高频要上得去,元件在电路板上密度要大致均匀,高低适当,尽量美观大方。

无论是简单的或复杂的电路设计,其一般流程均可按照以下几个步骤。

1. 设计原理图

这是设计 PCB 电路的第一步,就是利用原理图设计工具先绘制好原理图文件。如果电路图很简单,也可以跳过这一步直接进入 PCB 电路设计步骤,进行手工布线或自动布线。

2. 电气规则检查

简单的原理图出错概率比较小,复杂的电路原理图由于所用元件较多,网络结点较多,网络繁复,这样人为检查就容易漏掉一些错误,如网络标号多一个字母或少一个字母,有时又只写了一个网络标号,或者有两个元件用同一个名的,这些错误使用电气规则检查一般都能检查出来。还有一些电路原理上的错误,可以在后来绘制 PCB 时,通过仔细地分析发现。

3. 定义元件封装

原理图设计完成后,元件的封装有可能被遗漏或有错误。正确加入网表后,系统会自动地为大多数元件提供封装。但是对于用户自己设计的元件或者是某些特殊元件必须由用户自己定义或修改元件的封装。

4. PCB 图纸的基本设置

这一步用于对 PCB 图纸进行各种设计,主要包括设定 PCB 的结构及尺寸、板层数目、通孔的类型、网格的大小等,既可以用系统提供的 PCB 设计模板进行设计,也可以手动设计PCB 板。

5. 生成网表和加载网表

网表是电路原理图和印制电路板设计的接口,只有将网表引入 PCB 系统后,才能进行电路板的自动布线。

在设计好的 PCB 上生成网表和加载网表,必须保证产生的网表已没有任何错误,其所有元件能够很好地加载到 PCB 中。加载网表后系统将产生一个内部的网表,形成飞线。

元件布局是由电路原理图根据网表转换成的 PCB 图,一般元件布局都不很规则,甚至有的相互重叠,因此必须将元件重新布局。

元件布局的合理性将影响到布线的质量。在进行单面板设计时,如果元件布局不合理将无法完成布线操作。在进行双面板等设计时,如果元件布局不合理,布线时,将会放置很多过孔,使电路板走线变得复杂。

6. 布线规则设置

飞线设置好后,在实际布线之前,要进行布线规则的设置,这是 PCB 设计所必需的一步。这一步用户要定义布线的各种规则,比如安全距离、导线宽度等,要参照行业标准和具体项目需求进行设定。

7. 自动布线

软件一般提供了强大的自动布线功能,在设置好布线规则之后,可以用系统提供的自动布线功能进行自动布线。只要设置的布线规则正确、元件布局合理,一般都可以成功完成自动布线。

8. 手动布线

在自动布线结束后,有可能因为元件布局或别的原因,自动布线无法完全解决问题或产生布线冲突时,即需要进行手动布线加以设置或调整。如果自动布线完全成功,则可以不必手动布线。

在元件很少且布线简单的情况下,也可以直接进行手动布线,当然这需要一定的熟练程度和实践经验。

9. 对所有过孔和焊盘补泪滴

补泪滴可增加其牢度,但会使板上的线变得难看。对于贴片和单面板一定要补泪滴。

10. 覆铜

先敷底面,敷后就可在适当的地方加一些导孔,便于上下层之间的连接。上层的线走得多,因此很多地方的网络都没有连通,所以这时就用导孔把它同底层连通,再敷上层铜。

11. 设计规则检查

运行检查(Run DRC)。计算机可以按所设计的规则进行检查,可以检查出网络的通断、是否按所设计的规则布线,根据出现的问题仔细校对、修整。

12. 生成报表文件

印制电路板布线完成之后,可以生成相应的各类报表文件,比如元件清单、电路板信息报表等。这些报表可以帮助用户更好地了解所设计的 PCB 和管理所使用的元件。

13. 文件存档

生成了各类文件后，可以将各类文件打印输出保存，包括 PCB 文件和其他报表文件均可打印，以便永久存档。

14. 加工生产

可直接生成 GERBER 和钻孔文件交给厂家，注明板材料和厚度（做一般板子时，厚度为 1.6mm，特大型板可用 2mm，射频用微带板等一般在 0.8～1mm，并应该给出板子的介电常数等指标）、数量、加工时需特别注意之处等。

PCB 设计是一个细致的工作，需要心思缜密，经验丰富。设计时要极其细心，充分考虑各方面的因卡（比如说便于维修和检查这一项很多人就缺乏考虑），精益求精，设计出更好的作品。

本章习题

（1）简述 Altium Designer 20 软件的主要功能和特点。

（2）尝试动手安装 Altium Designer 20 软件并启动。

（3）在 Altium Designer 20 默认的路径下创建一个名为 Mypcb. PrjPcb 的工程文件，然后在工程中创建一个原理图文件（. Schdoc）和一个印制电路板文件（. PrjPCB）。

（4）EDA 软件是电子数字化设计流程的关键组成部分，它涵盖了从创建和设计到验证和实施的所有工作流程，具有极高的技术门槛和研发成本。大家查阅一下国产 EDA 软件的情况，并介绍一下相关情况。

第 2 章

原理图的设计

本章知识点：

1. 熟悉 Altium Designer 20 原理图设计的一般步骤。

2. 掌握 Altium Designer 20 原理图设计工具栏窗口的组成、功能及元器件操作方法。

3. 通过 Altium Designer 20 软件对元器件进行放置、编辑和调整。

通过第 1 章的学习，我们了解了 Altium Designer 20 软件的开发环境、功能及基本相关操作。本章主要介绍 Altium Designer 20 如何进行原理图环境参数设计并设计原理图，展示它强大的集成开发环境，解决现实生活中遇到的难题。从原理图的构建到复杂的 PCB 设计，Altium Designer 20 提供了一体化的开发环境，使电路设计变得更加简便，更能让初学者易于接受。

电路原理图是电子元器件通用图形符号（并有标号）用线连接起来的图，它主要描述电子电气产品工作原理和元器件的连接关系。电子元器件在电路原理图中使用电气符号表示，进行电路原理图设计是进行 PCB 设计的基础。

2.1 设计原理图的步骤

电路原理图设计是电路设计的基础，描述了各个元件之间的连接和电气关系。通常情况下，设计原理图包括以下 7 个步骤，如图 2-1 所示。

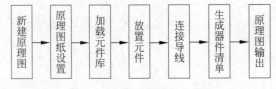

图 2-1　设计原理图基本步骤

（1）新建原理图：即启动原理图编辑器，在此开发环境中进行原理图的编辑、绘制等操作。

（2）原理图图纸设置：对原理图设计环境进行设置，包括图纸大小、栅格、光标以及系统参数等，一般情况下使用软件默认设置即可。

（3）加载元件库：电路中使用的元器件主要存放在元件库中，有些特定的元器件需要该元器件厂商提供元件库或者自己根据元器件的数据说明手册进行制作。

（4）放置元件：在加载元件数据库之后，将元件从元件库中提取出来，并对元件的参数、序号、封装类型等进行修改，对元器件的属性和位置进行进一步的调整和修改，包括命名、导线移动、尺寸以及排列等。

（5）连接导线：利用软件提供的导线放置工具，用具有电气意义的导线将元件连接起来，构成一个完整的电路原理图。

（6）生成器件清单：电路原理图完成后，为方便后续制板及其他应用，需要生成一份器件清单，主要便于对工程中的元器件封装、数量等信息进行统计。

（7）原理图输出：主要是完成原理图保存、打印等操作。

2.2 电路设计工具栏

Altium Designer 20 提供了丰富的功能选项，方便用户对原理图进行编辑，常用的工具栏介绍如下。

1. "原理图标准"工具栏

"原理图标准"工具栏为原理图文件提供基本的操作功能，如新建、保存、打印、缩放、复制、剪切、选择等，如图 2-2 所示。表 2-1 列出了该工具栏中各个按钮的命令解释，有以下两种方法调用或隐藏该工具栏。

- 菜单栏："视图"→"工具栏"→"原理图标准"工具栏。
- 工具栏：空白处右击，在弹出的列表框中选择"原理图标准"。

图 2-2 "原理图标准"工具栏

表 2-1 "原理图标准"工具栏中各个按钮的命令解释

按 钮	命 令 解 释	按 钮	命 令 解 释
	打开任意现有的文件		橡皮图章
	保存当前文件		选择区域内部对象
	直接打印当前文件		移动选择对象
	生成当前文件的打印浏览		取消选择所有打开的当前文件
	适合所有对象		清除当前过滤器
	缩放区域		取消
	缩放选中对象		重做
	剪切		上/下层次
	复制		交叉探针到打开的文件
	粘贴		

2. "导航"工具栏

"导航"工具栏如图 2-3 所示。表 2-2 列出了该工具栏各个按钮的命令解释,有以下两种方法调用或隐藏该工具栏。

图 2-3 "导航"工具栏

- 菜单栏:"视图"→"工具栏"→"导航"工具栏。
- 工具栏:空白处右击,在弹出的列表框中选择"导航"。

表 2-2 "导航"工具栏中各个按钮的命令解释

按　钮	命　令　解　释
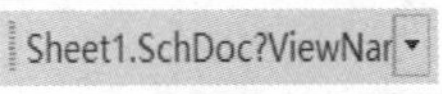 Sheet1.SchDoc?ViewNar ▼	跳转到指定位置
←	后退一步
→	前进一步
⟳	刷新当前页面

3. "格式化"工具栏

"格式化"工具栏如图 2-4 所示。本工具栏在选择原理图中导线或者文字时才会出现图示中颜色及文字,平时都是现实为空白状态,如图 2-5 所示。表 2-3 列出了该工具栏各个按钮的命令解释,有以下两种方法调用或隐藏该工具栏。

- 菜单栏:"视图"→"工具栏"→"格式化"工具栏。
- 工具栏:空白处右击,在弹出的列表框中选择"格式化"。

图 2-4 "格式化"工具栏　　　　　　　图 2-5 "格式化"工具栏平时状态

表 2-3 "格式化"工具栏中各个按钮的命令解释

按　钮	命　令　解　释
 ⎮ ⟨◆ ▼ ...	颜色
 ■ ⟨◆ ▼ ...	区域色
 ⊤ Times New Ro ▼	字体名称
 10 ▼	字体大小
≡ ▼	线或边界宽度
 ⠿ ▼	线类型
 ⇄ ▼	多线箭头事先调整

4. "应用工具"工具栏

"实用"工具栏如图 2-6 所示,有以下两种方法调用或隐藏该工具栏。

- 菜单栏:"视图"→"工具栏"→"应用工具"工具栏。
- 工具栏:空白处右击,在弹出的列表框中选择"应用工具"。

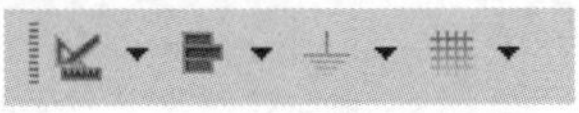

图 2-6 "应用工具"工具栏

图 2-6 中第一个符号按钮表示"实用工具",其中提供了放置线、多边形、椭圆弧、贝塞尔

曲线、文本框、矩形等多种形状绘图功能。表 2-4 列出了该系列各个按钮的命令解释。

表 2-4 "实用工具"按钮的命令解释

按　钮	命　令　解　释	按　钮	命　令　解　释
	放置线		放置圆角矩形
	放置多边形		放置椭圆
A	放置文本字符串		放置图像
	放置文本框		智能粘贴
	放置矩形		

图 2-6 中第二个符号按钮表示"对齐工具",该系列提供了左对齐、右对齐、中心对齐等多种元器件位置调整功能。表 2-5 列出了该系列各个按钮的命令解释。

表 2-5 "对齐工具"按钮的命令解释

按　钮	命　令　解　释	按　钮	命　令　解　释
	器件左对齐排列		器件底部对齐排列
	器件右对齐排列		器件垂直中心对齐排列
	器件水平中心对齐排列		垂直等间距对齐对象排列
	器件水平等间距对齐排列		器件对齐到当前栅格上
	器件顶对齐排列		

图 2-6 中第三个符号按钮表示"电源",该系列提供了 GND、VCC、+12V、+5V、地端口等多种端口。表 2-6 列出了该系列各个按钮的命令解释。

表 2-6 "电源"按钮的命令解释

按　钮	命　令　解　释	按　钮	命　令　解　释
	放置 GND 端口		放置波形电源端口
VCC	放置 VCC 电源端口		放置 Bar 电源端口
	放置+12V 电源端口		放置环形电源端口
+5	放置+5V 电源端口		放置信号地电源端口
	放置−5V 电源端口		放置地端口
	放置箭头形电源端口		

图 2-6 中第四个符号按钮表示"栅格",用来切换、设置栅格,该系列的详细操作选项按钮如图 2-7 所示。

图 2-7 "栅格"选项按钮

2.3 图纸设置

在原理图绘制过程中,可以根据所要设计的电路图的复杂程度,先对图纸进行设置。虽然在进入电路原理图编辑环境时,Altium Designer 20 系统会自动给出默认的图纸相关参数,但是在大多数情况下,这些默认的参数不一定适合用户的要求。尤其是图纸尺寸的大小,用户可以根据设计对象的复杂程度对图纸的大小及其他相关函数重新定义。

在界面双击空白区域,弹出如图 2-8 所示执行"Properties"(属性)面板。

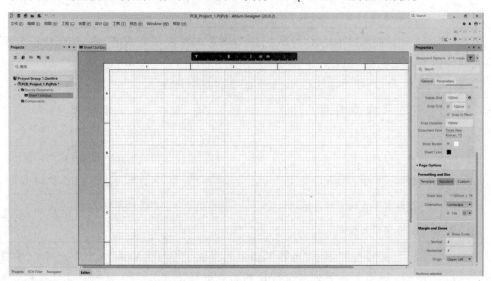

图 2-8   "Properties"(属性)面板

1. "Search"(搜索)功能

允许在面板中搜索所需的条目。

在该选项板中,有"General"(通用)和"Parameters"(参数)两个选项卡。

2. 设置过滤对象

在"Document Options"(文档选项)选项组单击下拉按钮,弹出如图 2-9 所示的对象选择过滤器。

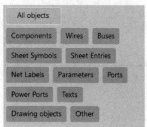

图 2-9   对象选择过滤器

单击"All objects"(所有对象)按钮,表示在原理图中选择对象时,选中所有类别的对象,包括 Components、Wires、Buses、Sheet Symbols、Sheet Entries、Net Labels、Parameters、Ports、Power Ports、Texts、Drawing、objects、Other。可单独选择其中任意数量的选项,也可全部选中。

在"Seletion Filter"(选择过滤器)选项组中显示同样的选项。

3. 设置图纸方向单位

图纸单位可通过"Units"(单位)选项组进行设置,可以设置为公制(mm),也可以设置为英制(mils)。一般在绘制和显示时设为英制。

执行"视图"→"切换单位"菜单命令,可以自动在两种单位之间切换。

4. 设置图纸尺寸

单击"Page Options"(图页选项)选项卡,其下的"Formatting and Size"(格式与尺寸)选项为图纸尺寸的设置区域。Altium Designer 20 提供了 3 种图纸尺寸的设置方式。

(1)"Template"(模板)。单击"Template"(模板)下拉按钮,如图 2-10 所示,在下拉列表框中可以选择已定义好的图纸标准尺寸,包括模型图纸尺寸(A0_portrait～A4_portrait)、公制图纸尺寸(A0～A4)、英制图纸尺寸(A～E)、CAD 标准尺寸(A～E)、Or CAD 标准尺寸(Orcad_a～Orcad_e)及其他格式(Letter、Legal、Tabloid 等)的尺寸。

当一个模板设置为默认模板后,每次创建一个新文件时,系统会自动套用该模板,适用于固定使用某个模板的情况。若不需要模板文件,"Template"(模板)文本框中显示空白。

在"Template"(模板)下拉列表框中选择 A、A0 等模板,单击 ⬍ 按钮,弹出如图 2-11 所示的提示对话框,提示是否更新模板文件。

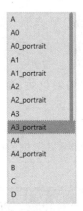

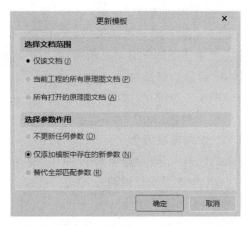

图 2-10 "Template"下拉列表   图 2-11 "更新模板"对话框

(2)"Standard"(标准风格)。单击"Sheet Size"(图纸尺寸)右侧的按钮,在下拉列表框中可以选择已定义好的图纸标准尺寸,包括公制图纸尺寸(A0～A4)、英制图纸尺寸(A～E)、CAD 标准尺寸(A～E)、Or CAD 标准尺寸(OrCAD A～OrCAD E)及其他格式(Letter、Legal、Tabloid 等)的尺寸,如图 2-12 所示。

(3)"Custom"(自定义风格)。在"Width"(定制宽度)、"Height"(定制高度)文本框中输入相应数值来确定模板尺寸。

在设计过程中,除了对图纸的尺寸进行设置外,往往还需要对图纸的其他选项进行设置,如图纸方向、标题栏样式和图纸颜色等。这些设置可以在"Page Options"(图页选项)选项卡中完成。

图 2-12 "Sheet Size"
下拉列表

5. 设置图纸方向

图纸方向可通过"Orientation"(定位)下拉列表框设置,可以设置为水平方向(Landscape),即横向;也可以设置为垂直方向(Portrait),即纵向。一般在绘制和显示时设为横向,在打印输出时可根据需要设为横向或纵向。

6. 设置图纸标题栏

图纸标题栏是对设计图纸的附加说明,可以在图纸标题栏中对图纸进行简单的描述,也可以作为以后图纸标准化时的信息。Altium Designer 20 提供了两种预先定义好的标题块,即"Standard"(标准)格式和"ANSI"(美国国家标准学会)格式。

7. 设置图纸参考说明区域

在"Margin and Zones"(边界和区域)选项卡中,通过"Show Zones"(显示区域)复选框可以设置是否显示参考说明区域。勾选该复选框表示显示参考说明区域,否则不显示参考说明区域。一般情况下,应该选择显示参考说明区域。

8. 设置图纸边界区域

在"Margin and Zones"(边界和区域)选项卡中,显示图纸边界尺寸,如图 2-13 所示。在"Vertical"(垂直)、"Horizontal"(水平)两个方向上设置边框与边界的间距。在"Origin"(原点)下拉列表框中选择原点位置为"Upper Left"(左上)或者"Bottom Right"(右下)。在"Margin Width"(边界宽度)文本框中输入边界的宽度值。

9. 设置图纸边框

在"Units"(单位)选项卡中,通过"Sheet Border"(显示边界)复选框可以设置是否显示边框。选中该复选框表示显示边框,否则不显示边框。

10. 设置边框颜色

在"Units"(单位)选项卡中,单击"Sheet Border"(显示边界)颜色块,在弹出的对话框中选择边框的颜色,如图 2-14 所示。

11. 设置图纸颜色

在"Units"(单位)选项卡中,单击"Sheet Color"(图纸的颜色)显示框,在弹出的"选择颜色"对话框中选择图纸的颜色,如图 2-14 所示。

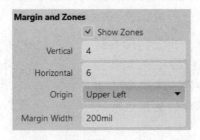

图 2-13 "Margin and Zones"选项卡

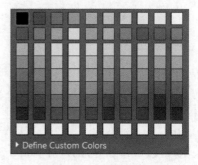

图 2-14 选择颜色

12. 设置图纸网格点

进入原理图编辑环境后,编辑窗口的背景是网格型的,这种网格就是可视网格,是可以

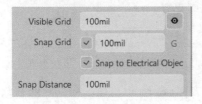

图 2-15 网格设置

改变的。网格为元器件的放置和线路的连接带来了极大的方便,使用户可以轻松地排列元器件,整齐地走线。Altium Designer 20 提供了"Visible Grid"(可见的)、"Snap Grid"(捕获)、"Snap to Electrical Object"(捕获电栅格)3 种网格,用于对网格进行具体设置,如图 2-15 所示。

"Visible Grid"(可见的)文本框。在文本框中输入可视网格大小,激活可见按钮 ,用于控制是否启用捕获网格,即在图纸上是否可以看到网格。对图纸上网格间的距离进行设置,系统默认值为 100 个像素。若不激活可见按钮 ⊙,则表示将不会在图纸上显示网格。

"Snap Grid"(捕获)文本框。在文本框中输入捕获网格大小,即鼠标指针每次移动的距离。鼠标指针移动时,以右侧文本框的设置值为基本单位,系统默认值为 10 个像素,用户可根据设计的要求输入新的数值来改变鼠标指针每次移动的最小间隔距离。

"Snap to Eletrical Object"(捕获电栅格)复选框。如果选中该复选框,则在绘制连线时,系统会以鼠标指针所在位置为中心,以"Snap Distance"(栅格范围)文本框中设置的值为半径,向四周搜索电气结点。如果在搜索半径内有电气结点,则鼠标指针将自动移到该结点上并在该结点上显示一个圆亮点,搜索半径的数值可以自行设置。如果不选中该复选框,则取消了系统自动寻找电气结点的功能。

执行"视图"→"栅格"菜单命令,其子菜单中有用于切换 4 种网格启用状态的命令,如图 2-16 所示。执行"设置捕捉栅格"命令,系统将弹出如图 2-17 所示的"Choose a snap grid size"(选择捕获网格尺寸)对话框,在该对话框中可以输入捕获网格的参数值。

图 2-16 "栅格"命令子菜单

13. 设置图纸所用字

在"Units"(单位)选项卡中,单击"Document Font"(文档字体)选项组下的 Times New Roman, 10 按钮,系统将弹出如图 2-18 所示的"Font Settings"(字体设置)对话框。在该对话框中对字体进行设置,将会改变整个原理图中的所有文字,包括原理图中的元器件引脚文字和原理图的注释文字等。通常,字体采用默认设置即可。

图 2-17 "Choose a snap grid size"对话框

图 2-18 "Font Settings"对话框

14. 设置图纸参数信息

图纸的参数信息记录了电路原理图的参数信息和更新记录。这项功能可以使用户更系统、更有效地对自己设计的图纸进行管理。建议用户对此项进行设置。当设计项目中包含很多图纸时,图纸参数信息就显得非常有用了。在"Properties"(属性)面板中,选择"Parameter"(参数)选项卡,即可对图纸参数信息进行设置,如图 2-19 所示。在要填写或修改的参数上双击或选中要修改的参数后,在文本框中修改各个设置值。单击"Add"按钮,系统添加相应的参数属性。图 2-20 所示是"Modified Date"(修改日期)参数,用户可在"Value"(值)选项组中输入修改日期,完成该参数的设置。

图 2-19　"Parameter"选项卡

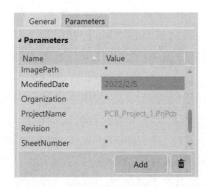

图 2-20　日期设置

2.4　环境参数设置

在原理图绘制过程中,其效率和正确性往往与环境参数的设置有着密切的关系。参数设置得合理与否,直接影响到设计过程中软件的功能是否能充分发挥。

在 Altium Designer 20 电路设计软件中,原理图编辑器的工作环境设置是由原理图"Preferences"(参数选择)设定对话框来完成的。

执行"工具"→"原理图优先项"菜单命令,或在编辑窗口内右击,在弹出的快捷菜单中执行"原理图优先项"命令,将会打开"优选项"对话框。

"优选项"对话框中 Schematic 有 8 个标签页,分别为"General"(常规)、"Graphical Editing"(图形编辑)、"Compiler"(编译器)、"Auto Focus"(自动聚焦)、"Library Auto Zoom"(元器件自动缩放)、"Grids"(栅格)、"Break Wire"(切割连线)和"Defaults"(默认)。

2.4.1　设置原理图的常规环境参数

电路原理图的常规环境参数设置通过"General"(常规)标签页来实现,如图 2-21 所示。

1. "单位"选项组

图纸单位可通过"单位"选项组来设置,可以设置为国际单位制(mm),也可以设置为英制(mils)。一般在绘制和显示时设为英制。

2. "选项"区域

"在结点处断线"复选框。勾选该复选框后,在两条交叉线处自动添加结点后,结点两侧的导线将被分割成两段。

"优化走线和总线"复选框。勾选该复选框后,在进行导线和总线的连接时,系统将自动选择最优路径,并且可以避免各种电气连线和非电气连线的相互重叠。此时,下面的"元件割线"复选框也呈现可选状态。若不勾选该复选框,则用户可以自己进行连线路径的选择。

"元件割线"复选框。勾选该复选框后,会启动元器件分割导线的功能,即当放置一个元器件时,若元器件的两个引脚同时落在一根导线上,则该导线将被分割成两段,两个端点分别自动与元器件的两个引脚相连。

"使能 In-Place 编辑"复选框。勾选中该复选框后,在选中原理图中的文本对象时,如元器件的序号、标注等,双击后可以直接进行编辑、修改,而不必打开相应的对话框。

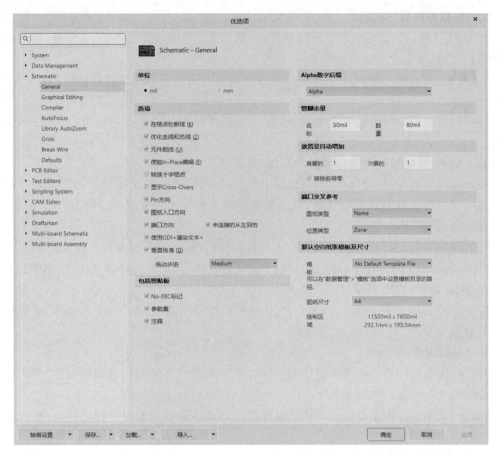

图 2-21 "General"(常规)标签页

"转换十字结点"复选框。勾选该复选框后,用户在画导线时,在重复的导线处自动连接并产生结点,同时终结本次画线操作。若没有选择此复选框,则用户可以随意覆盖已经存在的连线,并可以继续进行画线操作。

"显示 Cross-Overs"(显示交叉点)复选框。勾选中此复选框后,非电气连线的交叉处会以半圆弧显示出横跨状态。

"Pin 方向"(引脚说明)复选框。勾选该复选框后,单击元器件某一引脚时,会自动显示该引脚的编号及输入输出特性等。

"图纸入口方向"复选框。勾选该复选框后,在顶层原理图的图纸符号中会根据子图中设置的端口属性,显示是输出端口、输入端口或其他性质的端口。图纸符号中相互连接的端口部分则不跟随此项设置改变。

"端口方向"复选框。勾选该复选框后,端口的样式会根据用户设置的端口属性,显示是输出端口、输入端口或其他性质的端口。

"使用 GDI+渲染文本+"复选框。勾选该复选框后,可使用 GDI 字体渲染功能,包括字体的粗细、大小等。

"垂直拖曳"复选框。勾选该复选框后,在原理图上拖动元器件时,与元器件相连接的导线只能保持直角。若不勾选该复选框,则与元器件相连接的导线可以呈现任意的角度。

3. "包括剪贴板"选项组

"No-ERC标记"(忽略电气规则检查符号)复选框。勾选该复选框后,在复制、剪切到剪贴板或打印时,均包含图纸的忽略 ERC 符号。

"参数集"复选框。勾选该复选框后,在使用剪贴板进行复制操作或打印时,包含元器件的参数信息。

"注释"复选框。勾选该复选框后,使用剪贴板进行复制操作或打印时,包含注释说明信息。

4. "Alpha 数字后缀"(字母和数字后缀)选项组

用来设置某些元器件中包含多个相同子部件的标识后缀,每个子部件都具有独立的物理功能。在放置这种复合元器件时,其内部的多个子部件通常采用"元器件标识：后缀"的形式来加以区别

"Alpha"(字母)选项。选中该选项,子部件的后缀以字母表示,如 U：A,U：B 等。

"Numeric,separated by a dot(.)"(数字间用点间隔)选项。选择该选项,子部件的后缀以数字表示,如 U.1,U.2 等。

"Numeric,separated by a colon(：)"(数字间用冒号间隔)选项。选择该选项,子部件的后缀以数字表示,如 U：1,U：2 等。

5. "引脚余量"选项组

"名称"文本框。用来设置元器件的引脚名称与元器件符号边缘之间的距离,系统默认值为 50mil。

"数量"文本框。用来设置元器件的引脚编号与元器件符号边缘之间的距离,系统默认值为 80mil。

6. "放置是自动增加"选项组

该选项组用于设置元器件标识序号及引脚号的自动增量数。

"首要的"文本框。用于设置在原理图上连续放置同一种元器件时,元器件标识序号的自动增量数,系统默认值为 1。

"次要的"文本框。用于设置创建原理图符号时,引脚号的自动增量数,默认值为 1。

"移除前导零"复选框。勾选该复选框后,元器件标识序号及引脚号去掉前导零。

7. "端口交叉参考"选项区域

"图纸类型"下拉列表框。用于设置图纸中端口类型,包括"Name"(名称)、"Number"(数字)。

"位置类型"下拉列表框。用于设置图纸中端口放置位置依据,系统设置包括"Zone"(区域)、"Location X,Y"(坐标)。

8. "默认空白纸张模板及尺寸"选项组

该选项组用于设置默认的模板文件。

"模板"下拉列表框。可以在"模板"下拉列表框中选择模板文件,选择后,模板文件名称将出现在"模板"下拉列表框中。每次创建一个新文件时,系统将自动套用该模板。如果不需要模板文件,则"模板"下拉列表框中显示"No Default Template File"(没有默认的模板文件)。

"图纸尺寸"下拉列表框。在"图纸尺寸"下拉列表框中选择模板文件,选择后,模板文件

名称将出现在"图纸尺寸"下拉列表框中,在下拉列表框内显示具体的尺寸大小。

2.4.2 设置图形编辑的环境参数

图形编辑的环境参数设置通过"Graphical Editing"(图形编辑)标签页来完成,如图 2-22 所示,主要用来设置与绘图有关的一些参数。

图 2-22 "Graphical Editing"标签页

1."选项"选项组

"选项"选项组主要包括如下选项。

"剪贴板参考"复选框。"剪贴板参考"用于设置将选取的元器件复制或剪切到剪贴板时,是否要指定参考点。如果勾选此复选框,进行复制或剪切操作时,系统会要求指定参考点。这对于复制一个将要粘贴回原来位置的原理图部分非常重要,该参考点是粘贴时被保留部分的点,建议勾选此复选框。

"添加模板到剪切板"复选框。添加模板到剪切板上。若勾选该复选框,当执行复制或剪切操作时,系统会把模板文件添加到剪切板上。若不勾选该复选框,可以直接将原理图复制到 Word 文档中。建议用户取消勾选该复选框。

"显示没有定义值的特殊字符串的名称"复选框。用于设置将特殊字符串转换成相应的内容。若勾选此复选框,则在电路原理图中使用特殊字符串时会转换成实际字符来显示;

否则将保持原样。

"对象中心"复选框。用来设置当移动元器件时,鼠标指针捕捉的是元器件的参考点还是元器件的中心。要想实现该选项的功能,必须取消勾选"对象电气热点"复选框。

"对象电气热点"复选框。勾选该复选框后,将可以通过距离对象最近的电气点移动或拖动对象。建议用户勾选该复选框。

"自动缩放"复选框。用于设置插入组件时,原理图是否可以自动调整视图显示比例,以适合显示该组件。建议用户勾选该复选框。

"单一(\)符号代表负信号"复选框。一般在电路设计中,我们习惯在引脚的说明文字顶部加一条横线表示该引脚低电平有效,在网络标签上也采用此种标识方法。Altium Designer 20允许用户使用"\"为文字顶部加一条横线。例如,RESET低电平有效,可以采用"RESET"的方式为该字符串顶部加一条横线。勾选该复选框后,只要在网络标签名称的第一个字符前加一个"\",则该网络标签名将全部被加上横线。

"选中存储块清空时确认"复选框。勾选该复选框后,在清除选定的存储器时,将出现一个确认对话框。通过这项功能的设置可以防止由于疏忽而错误清除选定的存储器。建议用户勾选该复选框。

"标计手动参数"复选框。用于设置是否显示参数自动定位被取消的标记点。选中该复选框后,如果对象的某个参数已取消了自动定位属性,那么在该参数的旁边会出现一个点状标记,提示用户该参数不能自动定位,需手动定位,即应该与该参数所属的对象一起移动或旋转。

"始终拖拽"复选框。勾选该复选框后,移动某一选中的图元时,与其相连的导线也随之被拖动,以保持连接关系。若不勾选该复选框,则移动图元时,与其相连的导线不会被拖动。

"单击清除选中状态"复选框。勾选该复选框后,单击原理图编辑窗口中的任意位置,即可解除对某一对象的选中状态,不需要再使用菜单命令或者"原理图标准"工具栏中的(取消选择所有打开的当前文件)按钮。

"(Shift)+单击选择"复选框。勾选该复选框后,只有在按下Shift键时,单击鼠标左键才能选中元器件。使用此功能会使原理图编辑很不方便,建议用户不要使用。

"自动放置页面符入口"复选框。勾选该复选框后,系统会自动放置图纸入口。

"保护锁定的对象"复选框。勾选该复选框后,系统会对锁定的图元进行保护;取消勾选该复选框,则锁定对象不会被保护。

"粘贴时重置元件位号"复选框。勾选该复选框后,将复制粘贴后的元器件标号进行重置。

"页面符入口和端口使用线束颜色"复选框。勾选该复选框后,将原理图中的图纸入口与电路按端口颜色设置为线束颜色。

"网络颜色覆盖"复选框。勾选该复选框后,原理图中的网络显示对应的颜色。

2. "自动平移选项"选项组

该选项组主要用于设置系统的自动摇景功能。自动摇景是指当鼠标指针处于放置图纸元器件的状态时,如果将鼠标指针移动到编辑区边界上,图纸边界自动向窗口中心移动。

该选项组主要包括如下设置。

（1）"类型"下拉列表框。单击该选项右边的下拉按钮，弹出如图 2-23 所示的下拉列表，其各选项功能如下。

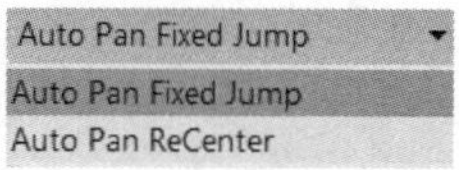

图 2-23　"类型"下拉列表框

"Auto Pan Fixed Jump"选项。以"步进步长"和"Shift 步进步长"所设置的值进行自动移动。系统默认为速度"Auto Pan Fixed Jump"。

"Auto Pan ReCenter"选项。重新定位编辑区的中心位置，即以鼠标指针所指的边为新的编辑区中心。

（2）"速度"滑块。调节滑块设置自动移动速度。滑块越向右，移动速度越快。

（3）"步进步长"文本框。用于设置滑块每一步移动的距离值。系统默认值为 300mil。

（4）"移位步进步长"文本框。用来设置在按下 Shift 键时，原理图自动移动的步长。一般该值大于"步进步长"的值，这样按下 Shift 键后，可以加快原理图图纸的移动速度。系统默认值为 100mil。

3. "颜色选项"选项组

用来设置所选对象的颜色。单击后面的颜色选择栏，即可自行设置。

4. "光标"选项组

该选项组主要用于设置鼠标指针的类型。在"光标类型"下拉列表框中包括"Large Cursor 90"（长十字形光标）、"Small Cursor 90"（短十字形光标）、"Small Cursor 45"（短 45°交叉光标）、"Tiny Cursor 45"（小 45°交叉光标）4 种光标类型。系统默认为"Small Cursor 90"（短十字形光标）类型。

2.4.3　设置编译器的环境参数

利用 Altium Designer 20 的原理图编辑器绘制好电路原理图以后，并不能立即把它传送到 PCB 编辑器中生成 PCB 文件，因为实际应用中的电路设计都比较复杂，一般或多或少都会有些错误或疏漏之处。Altium Designer 20 提供了丰富的功能选项，提供了编译器这个强大的工具，系统会根据用户的设置，对整个电路图进行电气检查，对检测出的错误生成各种报表和统计信息，帮助用户进一步修改和完善自己的设计工作。编译器的环境设置通过"Compiler"（编译器）标签页来完成，如图 2-24 所示。

1. "错误和警告"选项组

用来设置对于编译过程中出现的错误是否显示出来，并可以选择颜色加以标记。系统错误有 3 种，分别是"Fatal Error"（致命错误）、"Error"（错误）和"Warning"（警告）。此选项组采用系统默认设置即可。

2. "自动结点"选项组

主要用来设置在电路原理图连线时，在导线的 T 字形连接处，系统自动添加电气结点的显示方式。

"显示在线上"复选框。在导线上显示，若勾选此复选框，导线上的 T 字形连接处会显示电气结点。电气结点的大小用"大小"下拉列表框设置，有 4 种选择，如图 2-25 所示。在"Color"（颜色）选择框中可以设置电气结点的颜色。

"显示在总线上"复选框。在总线上显示，若勾选此复选框，总线上的 T 字形连接处会显示电气结点。电气结点的大小和颜色设置操作与前面的相同。

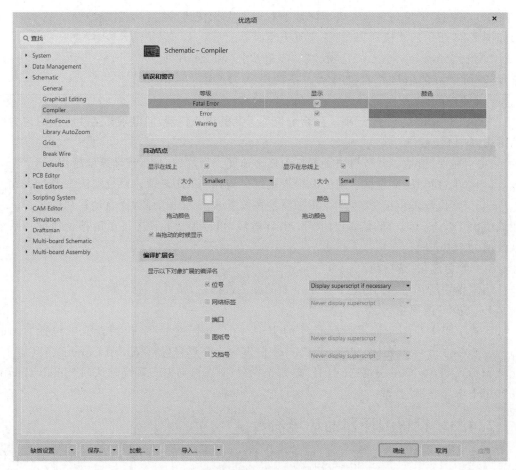

图 2-24 "Compiler"标签页

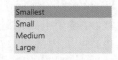

图 2-25 电气结点大小设置

3. "编译扩展名"选项组

该选项组主要用来设置要显示对象的扩展名。选中"位号"复选框后,在电路原理图上会显示位号的扩展名。其他对象的设置操作同上。

2.4.4 原理图的自动聚焦设置

在 Altium Designer 20 中提供了一种自动聚焦功能,能够根据原理图中的元器件或对象所处的状态(连接或未连接)分别进行显示,便于用户直观、快捷地查询或修改。该功能的设置通过"AutoFocus"(自动聚焦)标签页来完成,如图 2-26 所示。

1. "未链接目标变暗"选项组

该选项组用来设置对未连接的对象的淡化显示。有 4 个复选框供选择,分别是"放置时""移动时""图形编辑时""放置时编辑"。单击 全部开启 按钮可以全部勾选选项组,单击

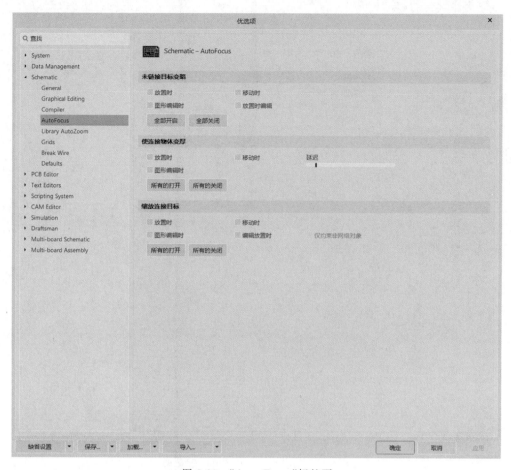

图 2-26 "Auto Focus"标签页

全部关闭 按钮可以全部取消勾选选项组。

2．"使连接物体变厚"选项组

该选项组用来设置对连接对象的加强显示。有 3 个复选框供选择,分别是"放置时""移动时""图形编辑时"。其他设置同上。

3．"缩放连接目标"选项组

该选项组用来设置对连接对象的缩放。有 5 个复选框供选择,分别是"放置时""移动时""图形编辑时""编辑放置时""仅约束非网络对象"。第 5 个复选框在勾选了"编辑放置时"复选框后才能进行选择。其他设置同上。

2.4.5 元器件自动缩放设置

设置元器件的自动缩放形式,主要通过"Library Auto Zoom"(元器件自动缩放)标签页完成,如图 2-27 所示。

该标签页有 3 个选择项供用户选择,分别是"切换器件时不进行缩放""记录每个器件最近缩放值""编辑器中每个器件居中"。用户根据自己的实际情况选择即可,系统默认选中"编辑器中每个器件居中"选项。

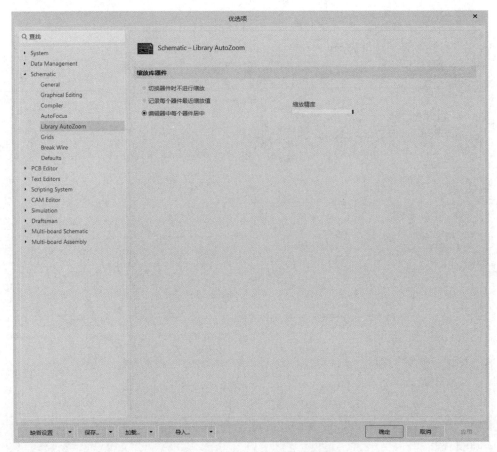

图 2-27 "Library AutoZoom"标签页

2.4.6 原理图的网格设置

对于各种网格,除了数值大小外,形状、颜色等也可以设置,主要通过"Grids"(栅格)标签页完成,如图 2-28 所示。

1."英制栅格预设"选项组

该选项组用来设置英制栅格形式。单击 Altium预设 按钮,弹出如图 2-29 所示的菜单。

选择某一种形式后,在旁边显示出系统对"捕捉栅格""捕捉距离可见栅格"的默认值。用户也可以自行设置。

2."国际单位制栅格预设"选项组

该选项组用来设置国际单位制栅格形式,具体设置方法与"英制栅格预设"相同。

2.4.7 原理图的连线切割设置

原理图编辑环境中,在菜单项"编辑"的子菜单中,或在编辑窗口右击弹出的快捷菜单中,都提供了一项"Break Wire"(切割连线)命令,用于对原理图中的各种连线进行切割、修改。在设计电路的过程中,往往需要擦除某些多余的线段,如果连接线条较长或连接在该线段上的元器件数目较多,且不希望删除整条线段,则此项功能可以使用户在设计原理图的过

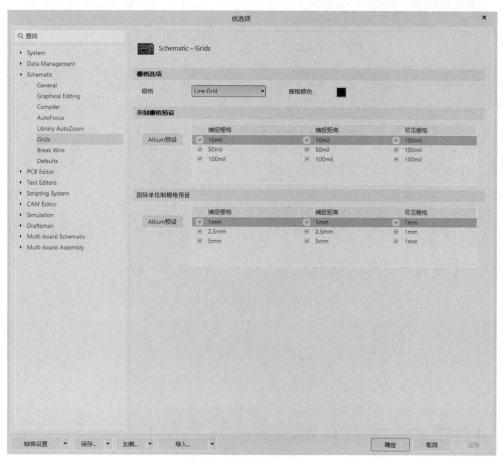

图 2-28 "Grids"标签页

图 2-29 "Altium 预设"菜单

程中更加灵活。与该命令有关的一些参数需通过"Break Wire"(切割连线)标签页来设置,如图 2-30 所示。

1. "切割长度"选项组

该选项组用来设置当执行"Break Wire"命令时,切割连线的长度,有 3 个选项。

捕捉段。选择该选项后,当执行"Break Wire"命令时,鼠标指针所在的连线被整段切除。

捕捉格点尺寸倍增。捕获网格的倍数,选择该选项后,当执行"Break Wire"命令时,每次切割连线的长度都是网格的整数倍。用户可以在右边的数字栏中设置倍数,倍数的大小在 2~10。

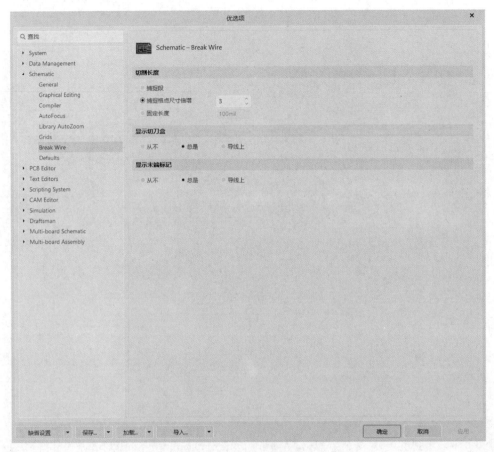

图 2-30　"Break Wire"标签页

固定长度。选择该选项后,当执行"Break Wire"命令时,每次切割连线的长度是固定的。用户可以在右边的数字栏中设置每次切割连线的固定长度值。

2."显示切刀盒"选项组

该选项组用来设置当执行"Break Wire"命令时,是否显示切割框。有 3 个选项供选择,分别是"从不""总是""导线上"。

3."显示末端标记"选项组

该选项组用来设置当执行"Break Wire"命令时,是否显示导线的末端标记。有 3 个选项供选择,分别是"从不""总是""导线上"。

2.4.8　电路板图元的设置

"Defaults"(默认值)标签页用来设置原理图编辑时常用图元的原始默认值,如图 2-31 所示。这样,在执行各种操作时,如图形绘制、元器件插入等,就会以所设置的原始默认值为基准进行换作,简化了编辑过程。

1."Primitives"(元器件)单选项

在原理图绘制中,使用的单位系统可以是英制单位系统(mils),也可以是公制单位系统(MMs)。

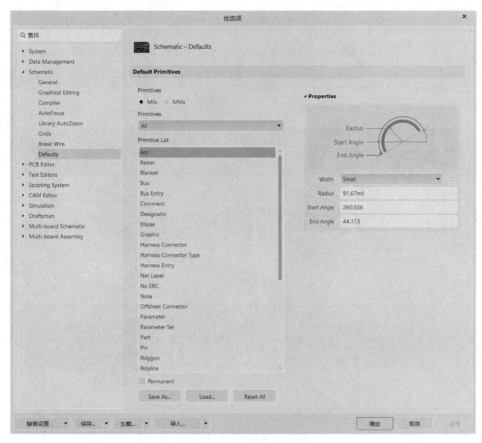

图 2-31 "Defaults"标签页

2. "Primitives"下拉列表框

在"Primitives"下拉列表框右边单击下拉按钮,弹出下拉列表。选择下拉列表中的某一选项,该类型所包括的对象将在"Primitive List"(元器件列表)下拉列表框中显示。

- All:选择该项后,在下面的"Primitive List"(元器件列表)下拉列表框中将列出所有的对象。
- Drawing Tools:指绘制非电路原理图工具栏所放置的全部对象。
- Wiring Objects:指绘制电路原理图工具栏所放置的全部对象。
- Harness Objects:指绘制电路原理图工具栏所放置的线束对象。
- Library Objects:指与元器件库有关的对象。
- Other:指上述类别没有包括的对象。
- Sheet Symbol Objects:指绘制层次图时与子图有关的对象。

3. "Primitive List"(元器件列表)下拉列表框

可以选择"Primitive List"下拉列表框中显示的对象,并对所选的对象进行属性设置或复位到初始状态。在"Primitive List"(元器件列表)下拉列表框中选定某个对象,例如选中"Pin"(引脚),如图 2-32 所示,在右侧的基本信息显示文本框中修改相应的参数设置。

如果在此处修改相关的参数,那么在原理图上绘制引脚时,默认的引脚属性就是修改过的引脚属性。

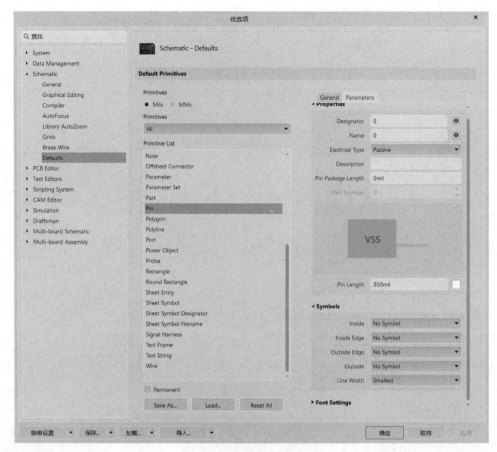

图 2-32　"Pin"信息

在此下拉列表框中选中某一对象,单击 [Reset All] 按钮,则该对象的属性复位到初始状态。

4. 功能按钮

Save As(保存为):保存默认的原始设置。当所有需要设置的对象全部设置完毕后,单击 [Save As...] 按钮,弹出文件保存对话框,保存默认的原始设置。默认的文件扩展名为.dft,以后可以重新进行加载。

Load(装载):加载默认的原始设置。要使用以前曾经保存过的原始设置,单击 [Load...] 按钮,弹出打开文件对话框,选择一个默认的原始设置选项就可以加载默认的原始设置。

Reset All(复位所有):恢复默认的原始设置。单击 [Reset All] 按钮,所有对象的属性都回到初始状态。

2.5　元件库加载

在绘制电路原理图的过程中,首先要在图纸上放置需要的元件符号。Altium Designer 20 作为一个专业的电子电路计算机辅助设计软件,常用的电子元件符号都可以在它的元件库中找到,用户只需在 Altium Designer 20 元件库中查找所需的元件符号,并将其放置在图纸适当的位置即可。

2.5.1　元件库的分类

Altium Designer 20 元件库中的元件数量庞大,分类明确。Altium Designer 20 元件库采用下面两级分类方法。

一级分类:以元件制造厂家的名称分类。

二级分类:在厂家分类下面又以元件的种类(如模拟电路、逻辑电路、微控制器、A/D 转换芯片等)进行分类。

对于特定的设计项目,用户可以只调用几个元件厂商中的二级分类库,这样可以减轻系统运行的负担,提高运行效率。用户若要在 Altium Designer 20 的元件库中调用一个所需要的元件,首先应该知道该元件的制造厂家和该元件的分类,以便在调用该元件之前把包含该元件的系统会自动移元件库载入系统。

2.5.2　打开"Components(元件)"面板

打开"Components(元件)"面板的方法如下。

(1) 将光标箭头放置在工作窗口右侧的"Components(元件)"标签上,此时会自动弹出"Components(元件)"面板,如图 2-33 所示。

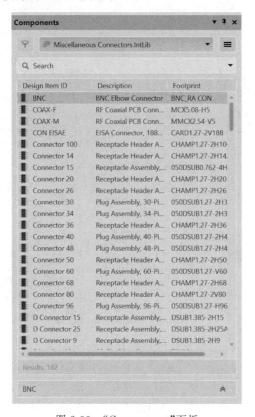

图 2-33　"Components"面板

（2）如果在工作窗口右侧没有"Components（元件）"标签，只要单击底部面板控制栏中的"Panels（面板）/Components（元件）"，在工作窗口右侧就会出现"Components（元件）"标签，并自动弹出"Components（元件）"面板。可以看到，在"Components（元件）"面板中，Altium Designer 20系统已经加载了两个默认的元件库，即通用元件库（Miscellaneous Devices.IntLib）和通用接插件库（Miscellaneous Connectors.IntLib）。

2.5.3　加载和卸载元件库

装入所需元件库的操作步骤如下。

（1）单击图2-33所示"Components（元件）"面板右上角的 ≡ 按钮，在弹出的快捷菜单中选择"File-based Libraries Preferences（库文件参数）"命令，如图2-34所示，则系统将弹出如图2-35所示的"Available File-based Libraries（可用库文件）"对话框。

图2-34　快捷菜单

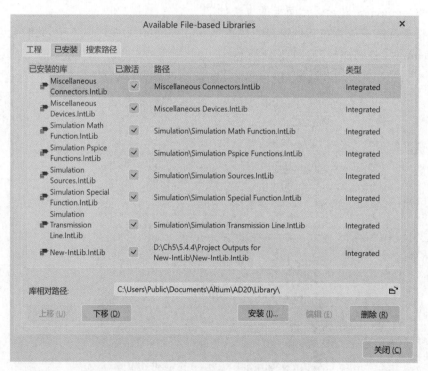

图2-35　"Available File-based Libraries"对话框

其中，"上移"和"下移"可以改变元件库的排列顺序。

"工程"选项卡列出的是用户为当前项目自行创建的库文件，"已安装"选项卡列出的是系统中可用的库文件。

（2）在"已安装"选项卡中，单击右下角的"安装"按钮，系统将弹出"打开"对话框。在该对话框中选择特定的库文件夹，然后选择相应的库文件，单击"打开"按钮，所选中的库文件就会出现在"Available File-based Libraries"(可用库文件)对话框中。重复上述操作就可以把所需要的各种库文件添加到系统中,作为当前可用的库文件。加载完毕后,单击"关闭"按钮,关闭"Available File-based Libraries"(可用库文件)对话框。这时所有加载的元件库都显示在"Components"(元件)面板中,用户可以选择使用。

(3) 在"Available File-based Libraries"(可用库文件)对话框中选中一个库文件,单击删除按钮,即可将该元件库卸载。

由于本软件中元件库的数量大量减少,因此在附带的学习资源包中自带大量元件库,用于原理图中元件的放置与查找。可以利用上述方法安装元件库,在查找文件夹对话框中选择自带元件库中所需元件库的路径,完成加载后进行使用。

2.6　元件的放置编辑与调整

2.6.1　在原理图中放置元器件

在当前项目中加载了元器件库后,就要在原理图中放置元器件,下面以放置 Header 5X2 为例,说明放置元器件的具体步骤。

(1) 执行"视图"→"适合文件"菜单命令,使原理图图纸显示在整个窗口中,如图 2-36 所示,新建原理图;也可以按 Page Down 和 Page Up 键缩小和放大图纸视图;或者执行"视图"→"放大"/"缩小"菜单命令,同样可以放大或缩小图纸视图。

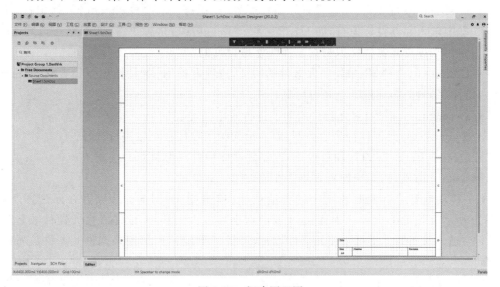

图 2-36　新建原理图

(2) 在"Components"面板中选择"Miscellaneous Connectors. IntLib",使其成为当前库,同时库中的元器件列表显示在库的下方,找到元器件 Header 5X2。如图 2-37 所示。

(3) 使用"Components"面板上的过滤器快速定位需要的元器件,默认通配符 * 列出当前库中的所有元器件;也可以在过滤器栏输入"Header 5X2",直接找到 Header 5X2 元器件。

(4) 选中 Header 5X2 后,双击元器件名,鼠标指针变成十字形,同时鼠标指针上悬浮着一个 Header 5X2 芯片的轮廓。若按 Tab 键,将弹出"Properties"面板,可以对元器件的属性进行编辑,如图 2-38 所示。下面简要介绍元器件的"Properties"面板的设置。

图 2-37　选中元器件 Header 5X2　　　　图 2-38　元器件属性面板

- Designator(标识符)用来设置元器件序号(标识符)。在"Designator"(标识符)文本框中输入元器件标识符,如 U1、R1 等。"Designator"(标识符)文本框右边的 ◉ 按钮用来设置元器件标识符在原理图上是否可见。
- Comment(注释)用来说明元器件的特征,选项右边的 ◉ 按钮用来设置"Comment"(注释)的内容在图纸上是否可见。
- Description(描述)对元器件的功能进行简单描述。
- Type(类型)元器件符号的类型,单击后面的下拉按钮可以进行选择。
- Design Item ID(设计项目地址)元器件在库中的图形符号。
- Rotation(旋转)用来设置元器件在原理图上放置的角度。

(5) 移动鼠标指针到原理图中的合适位置,单击把 Header 5X2 放置在原理图上,如图 2-39 所示。按 Page Down 和 Page Up 键缩小和放大元器件,以便观察元器件放置的位置是否合适。按 Space 键可以使元器件旋转,每按一下旋转 90°,用来调整元器件放置的合适方向。

(6) 放置完元器件后,右击或按 Esc 键退出元器件放置状态,鼠标指针恢复为箭头形状。

2.6.2　元器件位置的调整

元器件位置的调整就是利用各种命令将元器件移动到合适的位置以及进行元器件的旋转、复制与粘贴、排列与对齐等。

1. 元器件的选取

要实现元器件位置的调整,首先要选取元器件。选取的方法很多,下面介绍几种常用的方法。

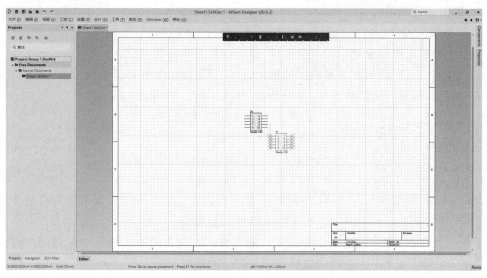

图 2-39　放置元器件

（1）用鼠标指针直接选取单个或多个元器件。对于单个元器件的情况,将鼠标指针移到要选取的元器件上单击即可选取。这时该元器件周围会出现一个绿色框,表明该元器件已经被选取,如图 2-40 所示。对于多个元器件的情况,单击并拖动鼠标指针,拖出一个矩形框,将要选取的多个元器件包含在该矩形框中,释放鼠标后即可选取多个元器件,或者按住 Shift 键,逐一单击要选取的元器件,也可选取多个元器件。

（2）利用菜单命令选取。执行"编辑"→"选择"菜单命令,弹出如图 2-41 所示的菜单。

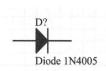

图 2-40　选取元件

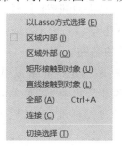

图 2-41　"选择"菜单

- 以 Lasso 方式选择:执行此命令后,鼠标指针变成十字形状,拖动鼠标指针,选取一个区域,则区域内的元器件被选取。
- 区域内部:执行此命令后,鼠标指针变成十字形状,选取一个区域,则区域内的元器件被选取。
- 区域外部:操作同上,区域外的元器件被选取。
- 全部:执行此命令后,电路原理图上的所有元器件都被选取。
- 连接:执行此命令后,若单击某一导线,则此导线以及与其相连的所有元器件都被选取。
- 切换选择:执行此命令后,元器件的选取状态将被切换,即若该元器件原来处于未选取状态,则被选取;若处于选取状态,则取消选取。

2．取消选取元器件

取消选取元器件也有多种方法，这里介绍几种常用的方法。

(1) 直接单击电路原理图的空白区域，即可取消元器件的选取。

(2) 单击"原理图标准"工具栏中的按钮，可以将图纸上所有被选取的元器件取消选取。

(3) 执行"编辑"→"取消选中"菜单命令，弹出如图 2-42 所示的菜单。

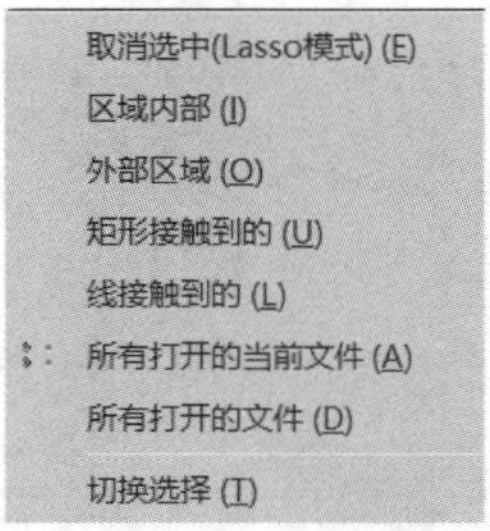

| 取消选中(Lasso模式) (E) |
| 区域内部 (I) |
| 外部区域 (O) |
| 矩形接触到的 (U) |
| 线接触到的 (L) |
| 所有打开的当前文件 (A) |
| 所有打开的文件 (D) |
| 切换选择 (T) |

图 2-42　"取消选中"菜单

- 取消选中(Lasso 模式)：执行此命令后，取消区域内元器件的选取。
- 区域内部：取消区域内元器件的选取。
- 外部区域：取消区域外元器件的选取。
- 所有打开的当前文件：取消当前原理图中所有处于选取状态的元器件的选取。
- 所有打开的文件：取消当前所有打开的原理图中处于选取状态的元器件的选取。
- 切换选择：与图 2-41 所示的此命令的作用相同。

(4) 按住 Shift 键，逐一单击已被选取的元器件，可以将其取消选取。

3．元器件的复制

元器件的复制是指将元器件复制到剪贴板中。

(1) 在电路原理图上选取需要复制的元器件或元器件组。

(2) 进行复制操作，有以下 3 种方法。

- 执行"编辑"→"复制"菜单命令。
- 单击"原理图标准"工具栏中的复制按钮。
- 使用快捷键<Ctrl＋C>或<E＋C>。

4．元器件的粘贴

元器件的粘贴就是把剪贴板中的元器件放置到编辑区里，有以下 3 种方法。

- 执行"编辑"→"粘贴"菜单命令。
- 单击"原理图标准"工具栏中的粘贴按钮。
- 使用快捷键<Ctrl＋V>或<E＋P>。

执行"粘贴"命令后，鼠标指针变成十字形状并带有欲粘贴元器件的虚影，在指定位置上单击即可完成粘贴操作。

5．元器件的阵列式粘贴

元器件的阵列式粘贴是指一次性按照指定间距将同一个元器件重复粘贴到图纸上。

(1) 启动阵列式粘贴。执行"编辑"→"智能粘贴"菜单命令或使用快捷键< Shift＋Ctrl＋V>，弹出"智能粘贴"对话框，如图 2-43 所示。

(2) "智能粘贴"对话框的设置。进行阵列式粘贴操作时，需要勾选"使能粘贴阵列"复选框。

- "列"选项组：用于设置列参数，"数目"用于设置每一列中所要粘贴的元器件个数，"间距"用于设置每一列中两个元器件的垂直间距。
- "行"选项组：用于设置行参数，"数目"用于设置每一行中所要粘贴的元器件个数，"间距"用于设置每一行中两个元器件的水平间距。

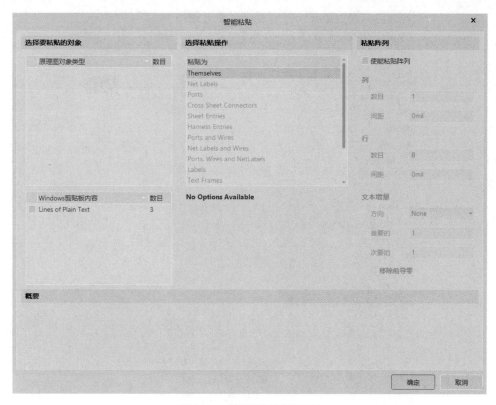

图 2-43 "智能粘贴"对话框

（3）阵列式粘贴具体操作步骤。首先，在每次使用阵列式粘贴前，必须通过复制操作将选取的元器件复制到剪贴板中。然后，执行"编辑"→"智能粘贴"菜单命令，在弹出的"智能粘贴"对话框中进行相应设置，单击"确定"按钮。最后，在指定位置单击，即可实现选定元器件的阵列式粘贴。

6. 元器件的对齐操作

执行菜单栏中的"编辑"→"对齐"命令，在弹出的子菜单中用户可以自行选择需要的对齐操作，如图 2-44 所示。其各项的功能如下。

- 左对齐：将选取的元器件向最左端的元器件对齐。
- 右对齐：将选取的元器件向最右端的元器件对齐。
- 水平中心对齐：将选取的元器件向最左端元器件和最右端元器件的中间位置对齐。
- 水平分布：将选取的元器件在最左端元器件和最右端元器件之间等距离放置。
- 顶对齐：将选取的元器件向最上端的元器件对齐。
- 底对齐：将选取的元器件向最下端的元器件对齐。
- 垂直中心对齐：将选取的元器件向最上端元器件和最下端元器件的中间位置对齐。
- 垂直分布：将选取的元器件在最上端元器件和最下端元器件之间等距离放置。

执行"编辑""对齐"→"对齐"菜单命令，弹出"排列对象"对话框，如图 2-45 所示。该对话框的设置主要包括 3 部分。

"水平排列"选项组：用来设置元器件在水平方向的排列方式。

- 不变：水平方向上保持原状，不进行排列。

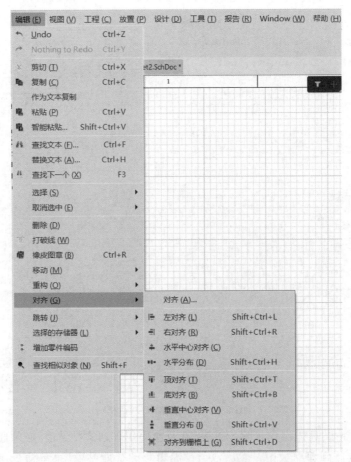

图 2-44　元器件对齐设置命令

- 左侧：水平方向左对齐,等同于"左对齐"命令。
- 居中：水平中心对齐,等同于"水平中心对齐"命令。
- 右侧：水平右对齐,等同于"右对齐"命令。
- 平均分布：水平方向均匀排列,等同于"水平分布"命令。

"垂直排列"选项组：用来设置元器件在竖直方向的排列方式。

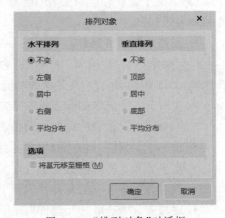

图 2-45　"排列对象"对话框

- 不变：竖直方向上保持原状,不进行排列。
- 顶部：顶端对齐,等同于"顶对齐"命令。
- 居中：垂直中心对齐,等同于"垂直中心对齐"命令。
- 底部：底端对齐,等同于"底对齐"命令。
- 平均分布：竖直方向均匀排列,等同于"垂直分布"命令。

"将基元移至栅格"复选框用于设定元器件对齐时,是否将元器件移动到网格上。建议用户勾选此项,以便于连线时捕捉到元器件的电气结点。

2.7 原理图绘制工具介绍

原理图的绘制是 Altium Designer 20 软件设计电路的基础。除了基本的元件,电路原理图还包括导线、总线连接、设置网络标签、放置电源和接地符号、放置输入/输出端口、放置通用 NO ERC 标号和放置 PCB 布线标志等。

2.7.1 导线连接

导线是 Altium Designer 20 中具有电气连接关系的组件,常用其将两个在电气关系上相关的点连接起来。

执行"放置线"命令的常用方式有以下 4 种。

- 工作区:右击→"放置"→"线"。
- "布线"工具栏:选择"放置线"的快捷图标。
- 菜单栏:"放置"→"线"。
- 使用快捷键<P+W>。

【实例 2-1】 放置导线。

(1) 执行"放置线"命令后光标将变成十字状,将光标移至欲连接的起点位置,如果光标处出现红色"×",则表明光标与元件的电气点相重叠,可在此处放置导线,如图 2-46(a)所示。

(2) 在起点位置单击鼠标左键后,移动光标至终点,在第二个元件上出现红色"×"的位置继续单击鼠标左键,完成导线放置,如图 2-46(b)所示。如果中间需要折点,则先将光标移动到折点处单击鼠标左键,再移至终点处单击鼠标左键,如图 2-46(c)所示。

(3) 放置完导线后,可按 Esc 键或在工作区中单击鼠标右键退出导线放置状态。

上述 3 个步骤和完成放置导线如图 2-46 所示。

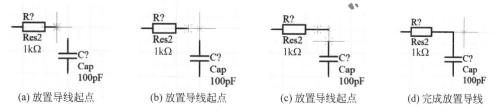

(a) 放置导线起点　　(b) 放置导线起点　　(c) 放置导线起点　　(d) 完成放置导线

图 2-46　放置导线

鼠标左键双击导线弹出"线"对话框,弹出线"Properties"(属性)面板,可从中设置导线的颜色和线宽,导线宽度有 Smallest(最细)、Small(细,默认)、Medium(中)和 Large(大),单位是 mil(密耳,即千分之一英寸),如图 2-47 所示。

2.7.2 总线连接

单纯的网络标签虽然可以表示图纸中相连的导线,但是由于连接位置的随意性,给工程人员分析图纸和查找相同的网络标签工作带来一定困难。如果需连接的一组导线虽然距离较长并且数量较多,但具有相同的电气特性,此时可采用总线方式,由于同一组网络标签全

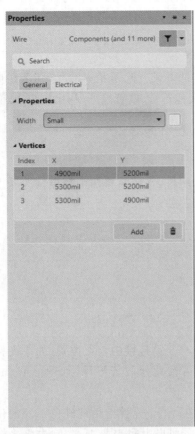

图 2-47　"Properties"（属性）面板

部位于该总线上,缩小了查看的范围该方式,增加了识图的直观性。

总线代表具有相同电气特性的一组导线,不是单独的一根普通导线,它以总线入口引出各条分导线,而以网络标签来标识和区分各个分导线,具有相同网络标签的分导线是同一根导线,总线和总线入口示意图如图 2-48 所示,在 Altium Designer 20 中总线是多根并行导线的组合,用一根较粗的线条来表示。总线入口通常由倾斜 45°的短斜线来表示。

(1) 执行"总线"命令的常用方式有以下 4 种。

- 工作区:鼠标右键单击→"放置"→"总线"。
- "布线"工具栏:选择"放置总线"快捷图标。
- 菜单栏:"放置"→"总线"。
- 使用快捷键<P＋B>。

(2) 绘制总线。启动绘制总线命令后,鼠标指针变成十字形,在合适的位置单击确定总线的起点,然后拖动鼠标指针,在转折处单击或在总线的末端单击确定。绘制总线的方法与绘制导线的方法基本相同。

(3) 总线属性设置。在绘制总线状态下,按 Tab 键,弹出总线"Properties"（属性）面板,如图 2-49 所示。绘制总线完成后,如果想要修改总线属性,双击总线,同样弹出总线"Properties"（属性）面板。

图 2-49　总线"Properties"面板

图 2-48　总线和总线入口

总线"Properties"（属性）面板的设置与导线设置相同,主要是对总线颜色和总线宽度的设置,在此不再重复讲述。一般情况下采用默认设置即可。

放置完总线后,还需要利用"放置总线入口"与总线相连接。

（1）执行"放置总线进口"命令的常用方式同样有以下4种。

- 工作区：鼠标右键单击→"放置"→"总线进口"。
- "布线"工具栏：选择"放置总线入口"快捷图标。
- 菜单栏："放置"→"总线进口"。
- 使用快捷键<P+U>。

（2）绘制总线分支。绘制总线分支的步骤如下。

- 执行绘制总线分支命令后,鼠标指针变成十字形,并有分支线"/"悬浮在鼠标指针上。如果需要改变分支线的方向,按Space键即可。
- 移动鼠标指针到所要放置总线分支的位置,鼠标指针上出现两个红色的十字叉,单击即可完成第1个总线分支的放置。依次可以放置所有的总线分支。
- 绘制完所有的总线分支后,右击或按Esc键退出绘制总线分支状态。鼠标指针由十字形变成箭头。

（3）总线分支属性设置。在绘制总线分支状态下,按Tab键,弹出总线入口"Properties"（属性）面板,或在退出绘制总线分支状态后,双击总线分支同样可以弹出该面板。在总线入口"Properties"（属性）面板中,可以设置总线分支的颜色和线宽。"位置"一般不需要设置,采用默认设置即可。

【实例2-2】　放置总线入口。

（1）执行"放置总线入口"命令后光标将变成十字状,并带有向右上方倾斜45°的短斜线,将光标移至欲引出或引出支线的总线位置,如果光标处出现红色"×",则表明光标与元件的电气点相重叠,可在此处放置总线入口。

（2）在选定位置上左击,完成一个支线的放置,可重复其他总线入口的放置。如果需要改变支线方向,可按空格键改变角度（每次逆时针改变90°）。

（3）放置完总线入口后,可按Esc键或右击工作区退出导线放置状态。

（4）放置完毕后,如果总线入口不与元件直接相连接,还需要将元件与总线入口用导线连接,上述4个步骤如图2-50所示。需要注意：导线与总线在电气关系上不能直接相连接,中间必须通过总线入口。

鼠标左键双击总线弹出"Properties"面板,可从中设置总线的颜色、宽度等。

2.7.3　设置网络标签

在原理图绘制过程中,元器件之间的电气连接除了使用导线外,还可以通过设置网络标签来实现。网络标签实际上是一个电气连接点,具有相同网络标签的电气连接表明是连在一起的。网络标签主要用于层次原理图电路和多重式电路中的各个模块之间的连接。也就是说,定义网络标签的用途是将两个和两个以上没有相互连接的网络命名为相同的网络标签,使它们在电气含义上属于同一网络,这在印制电路板布线时非常重要。在连接线路比较远或线路走线复杂时,使用网络标签代替实际走线会使电路图简化。

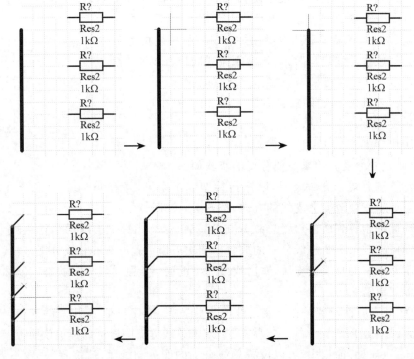

图 2-50　放置总线入口

1．启动放置网络标签命令

启动放置网络标签的命令有 4 种方法。

- 执行菜单命令"放置"→"网络标签"。
- 单击"布线"工具栏中的按钮。
- 在原理图图纸空白区域右击，在弹出的快捷菜单中执行"放置"→"网络标签"命令。
- 使用快捷键<P+N>。

2．放置网络标签

放置网络标签的步骤如下。

（1）启动放置网络标签命令后，鼠标指针变成十字形，并出现一个虚线方框悬浮在鼠标指针上。此方框的大小、长度和内容由上一次使用的网络标签决定。

（2）将鼠标指针移动到放置网络名称的位置（导线或总线），鼠标指针上出现红色的"×"，此时单击就可以放置网络标签了；但是一般情况下，为了避免以后修改网络标签的麻烦，在放置网络标签前通常会按 Tab 键，设置网络标签的属性。

（3）移动鼠标指针到其他位置继续放置网络标签（放置完第 1 个网络标签后，不要右击）。在放置网络标签的过程中，如果网络标签的末尾为数字，那么这些数字会自动增加。

（4）右击或按 Esc 键退出放置网络标签状态。

【实例 2-3】　放置网络标签。

（1）执行"网络标号"命令后光标将变成十字状。并带红色"NetLabel1"符号，符号的基准点在符号的左下角位置，如果光标处出现红色"×"，则表明光标与导线的电气点相重叠，可在此处放置网络标签。

（2）在选定位置单击后，完成一个网络标签的放置，紧接着下一个网络标签在网络名称上会递增，如果要将不同点表示为同一点，需要统一各点的网络标签。

（3）放置完网络标签后，可按 Esc 键或在工作区鼠标单击右键退出网络标签放置状态，这3个步骤如图2-51所示。

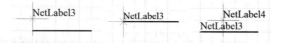

图 2-51　放置网络标签

启动放置网络标签命令后，按 Tab 键打开网络标签"Properties"面板，或者在放置网络标签完成后，双击网络标签打开该面板，如图2-52所示。

网络标签"Properties"面板主要用来设置以下选项。

- Net Name（网络名称）。定义网络标签。在文本框中可以直接输入想要放置的网络标签，也可以单击后面的下拉按钮选取前面使用过的网络标签。
- 颜色。单击颜色块，弹出"选择颜色"下拉列表框，用户可以选择自己喜欢的颜色。
- （X/Y）。选项中的 X、Y 表明网络标号在电路原理图上的水平和竖直坐标。
- Rotation（旋转）。用来设置网络标签在原理图上的放置方向。在"Rotation"下拉列表框中可以选择网络标签的方向，也可以用 Space 键实现方向的调整，每按一次 Space 键改变 90°。
- Font（字体）。在"Font"下拉列表框中用户可以选择自己喜欢的字体，如图2-53所示。

图 2-52　网络标签"Properties"面板

图 2-53　"Font"下拉列表框

2.7.4　放置电源和接地符号

放置电源和接地符号有多种方法,通常利用"应用工具"工具栏完成电源和接地符号的放置。

1."应用工具"工具栏中的电源和接地符号

执行"视图"→"工具栏"→"应用工具"菜单命令,在编辑窗口中出现如图 2-54 所示的"应用工具"工具栏。

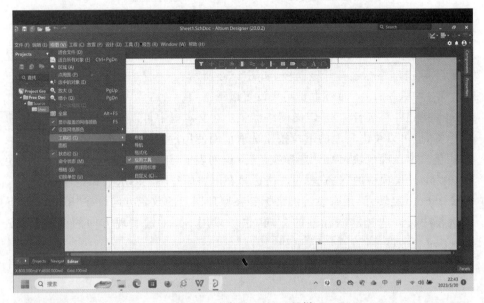

图 2-54　"应用工具"工具栏

图 2-55　电源和接地符号
下拉列表框

单击"应用工具"工具栏中的按钮,弹出电源和接地符号下拉列表框,如图 2-55 所示。

2.放置电源和接地符号的方法与步骤

(1)放置电源和接地符号主要有 5 种方法。

- 单击"布线"工具栏中的按钮。
- 执行"放置"→"电源端口"菜单命令。
- 在原理图图纸空白区域右击,在弹出的快捷菜单中执行"放置"→"电源端口"命令。
- 使用"应用工具"工具栏中的电源和接地符号。
- 使用快捷键<P+O>。

(2)放置电源和接地符号的步骤如下。

- 启动放置电源和接地符号的命令后,鼠标指针变成十字形,同时一个电源或接地符号悬浮在鼠标指针上。
- 在适合的位置单击或按 Enter 键,即可放置电源和接地符号。
- 右击或按 Esc 键退出电源和接地符号放置状态。

3.设置电源和接地符号的属性

启动放置电源和接地符号的命令后,按 Tab 键弹出电源端口和接地符号"Properties"面板;或在放置电源和接地符号完成后,双击需要设置的电源或接地符号。接地符

"Properties"面板如图 2-56 所示。

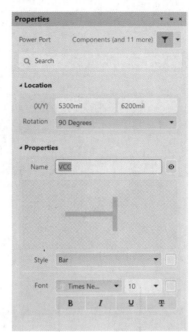

图 2-56　电源和接地属性设置

颜色。用来设置电源和接地符号的颜色。单击右边的颜色块，可以选择颜色。

Rotation(旋转)。用来设置电源和接地符号的方向，在下拉列表框中可以选择需要的方向，有"0 Degrees""90 Degrees""180 Degrees""270 Degrees"。方向的设置也可以通过在放置电源和接地符号时按 Space 键实现，每按一次 Space 键，方向就变化 90°。

(X/Y)：可以定位坐标，一般采用默认设置即可。

Style(类型)：在"类型"下拉列表框中，有 11 种不同的电源和接地类型，如图 2-57 所示。

Name(名称)：输入所需要的名字，如 GND、VCC 等。

图 2-57　电源和接地类型

【实例 2-4】　放置电源端口。

(1) 执行"电源"命令后光标将变成十字状，并带红色接地符号，符号的基准点在十字光标交点处，将光标移至欲接地的导线位置，如果光标处出现红色"×"，则表明光标与导线的电气点相重叠，可在此处放置接地符号。

(2) 在选定位置单击后，完成一个接地符号的位置。

(3) 放置完导线，可按 Esc 键或在工作区单击鼠标右键退出导线放置状态。

以上 3 个步骤如图 2-58 所示。

鼠标左键双击接地符号或电源符号弹出"电源端口"对话框，可从中设置电源端口的颜色、位置、定位、网络标签和类型，如图 2-59 所示，定位可分为"0 Degrees""90 Degrees""180 Degrees""270 Degrees"；类型有 Circle、Arrow、Bar、Wave、Power Ground、Signal Ground、Earth、GOST Arrow、GOST Power Ground、GOST Earth、GOST Bar，其具体图标如图 2-59 所示；位置由图纸中坐标决定，单位为 mil。

图 2-59　"电源端口"属性

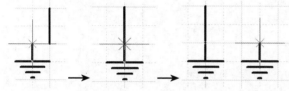

图 2-58　放置"地"

在放置电源端口的过程中,可以利用快捷键实现元器件的旋转和翻转等,如图 2-60 所示。可按空格键可实现电源符号逆时针旋转 90°,按 X 键可实现左右翻转,按 Y 键可实现上下翻转。

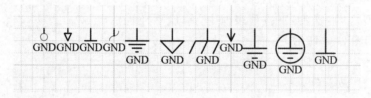

图 2-60　各种"电源端口"符号类型

2.7.5　放置输入/输出端口

在设计电路原理图时,一个电路网络与另一个电路网络的电气连接有 3 种形式:直接通过导线连接;通过设置相同的网络标号来实现两个网络之间的电气连接;相同网络标号的输入/输出端口在电气意义上也是连接的。输入/输出端口是层次原理图设计中不可缺少的组件。

1. 启动放置输入/输出端口的命令

启动放置输入/输出端口的命令主要有 4 种方法。

(1)单击"布线"工具栏中的 D 按钮。

(2)执行"放置"→"端口"菜单命令。

（3）在原理图图纸空白区域右击，在弹出的快捷菜单中执行"放置"→"端口"命令。

（4）使用快捷键＜P＋R＞。

2．放置输入/输出端口

放置输入/输出端口的步骤如下。

（1）启动放置输入/输出端口命令后，鼠标指针变成十字形，同时一个输入/输出端口图标悬浮在鼠标指针上。

（2）移动鼠标指针到原理图的合适位置，在鼠标指针与导线相交处会出现红色的"×"，表明实现了电气连接。单击即可定位输入/输出端口的一端，移动鼠标指针使输入/输出端口大小合适，单击完成一个输入/输出端口的放置。

（3）右击退出放置输入/输出端口状态。

3．输入/输出端口属性设置

在放置输入/输出端口状态下，按 Tab 键，或者在退出放置输入/输出端口状态后，双击放置的输入/输出端口符号，弹出端口"Properties"（属性）面板，如图 2-58 所示。

"Properties"（属性）面板主要包括如下属性设置。

（1）Name（名称）：用于设置端口名称；这是端口最重要的属性之一，具有相同名称的端口在电气上是连通的。

（2）IO Type（输入/输出端口的类型）：用于设置端口的电气特性，对后面的电气规则检查提供一定的依据；有"Uspeifid"（未指明或不确定）、"Output"（输出）、"Input"（输入）和"Bidirectional"（双向型）4 种类型。

（3）Hamess Type（线束类型）：设置线束的类型。

（4）Font（字体）：用于设置端口名称的字体类型、字体大小、字体颜色，同时设置字体添加加粗、斜体、下画线、横线等效果。

（5）Border（边界）：和右边的颜色块一起用于设置端口边界的线宽、颜色。

（6）Fill（填充颜色）：用于设置端口内填充颜色。

【实例 2-5】　放置输入/输出端口。

（1）执行"端口"命令后光标将变成十字状，并带黄色多边形 Port 端口符号，符号的基准点在十字光标交点处，即图形的左边中心位置，将光标移至外接端口的导线位置，如果光标处出现红色"×"，则表明光标与导线的电气点相重叠，可在此处放置端口符号。

（2）在选定位置单击后，光标往右边移动，伸长至合适长度再次单击，确定符号长度并完成一个接地符号的放置。

（3）放置完端口后，可按 Esc 键或在工作区中右击退出端口放置状态。

以上 3 个步骤如图 2-61 所示。

鼠标左键双击端口符号弹出"Properties"（属性）面板，如图 2-62 所示。

2.7.6　放置通用 No ERC 标号

放置通用 No ERC 标号的主要目的是让系统在进行电气规则检查（ERC）时，忽略对某些结点的检查。例如，系统默认输入型引脚必须连接，但实际上某些输入型引脚不连接也是常事，如果不放置 No ERC 标号，那么系统在编译时就会生成错误信息，并在引脚上放置错误标记。

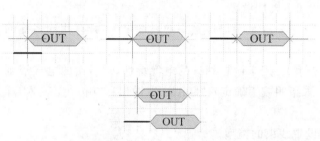

图 2-61　放置端口

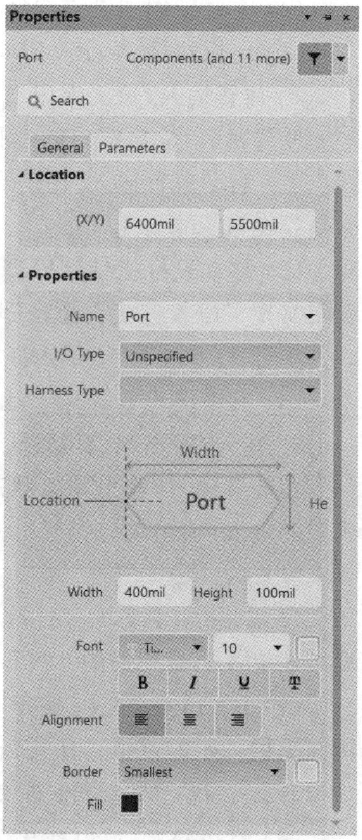

图 2-62　"端口属性"对话框

1. 启动放置通用 No ERC 标号命令

启动放置通用 No ERC 标号命令主要有 4 种方法。

（1）单击"布线"工具栏中的放置通用 No ERC 标号的按钮。

（2）执行"放置"→"指示"→"通用 No ERC 标号"菜单命令。

（3）在原理图图纸空白区域右击，在弹出的快捷菜单中执行"放置"→"指示"→"通用 No ERC 标号"命令。

（4）使用快捷键< P+I+N >。

2. 放置通用 No ERC 标号

启动放置通用 No ERC 标号命令后，鼠标指针变成十字形，并且在鼠标指针上悬浮一个红色的"×"，将鼠标指针移动到需要放置通用 No ERC 标号的结点上，单击完成一个通用 No ERC 标号的放置。右击或按 Esc 键退出放置通用 No ERC 标号状态。

3. 通用 No ERC 标号属性设置

在放置通用 No ERC 标号状态下按 Tab 键，或在放置通用 No ERC 标号完成后，双击需要设置属性的通用 No ERC 标号符号，弹出"Properties"面板，如图 2-63

图 2-63　通用 No ERC 标号属性设置

所示。

在该面板中可以对通用 No ERC 标号的颜色及位置属性进行设置。

【实例 2-6】 放置 No ERC 检查指示符。

（1）执行"No ERC"命令后光标将变成十字状，并带红色"×"符号，将光标移至欲放置 No ERC 的导线位置。

（2）在选定位置单击后，完成一个 No ERC 指示符的放置。

（3）放置完 No ERC 检查指示符后，可按 Esc 键或右击工作区退出 No ERC 指示符放置状态。

以上 3 个步骤如图 2-64 所示。

选中所绘 No ERC，按住 Ctrl 键，同时双击鼠标左键弹出"No ERC"对话框，可从中设置 No ERC 指示符的颜色、位置，位置可设置 X 和 Y 的坐标值，单位为 mil，也可以对指示符进行锁定，如图 2-65 所示。

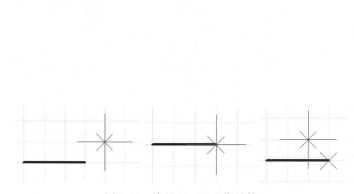

图 2-64 放置 No ERC 指示符

图 2-65 "No ERC"属性设置

2.7.7 放置 PCB 布线标志

Altium Designer 20 允许用户在原理图设计阶段来规划指定网络的铜膜宽度、过孔直径、布线策略、布线优先权和布线板层属性。如果用户在原理图中对某些特殊要求的网络放置 PCB 布线标志，在创建 PCB 的过程中就会自动在 PCB 中引入这些设计规则。

1. 启动放置 PCB 布线标志命令

启动放置 PCB 布线标志命令主要有两种方法。

（1）执行"放置"→"指示"→"参数设置"菜单命令。

（2）在原理图图纸空白区域右击，在弹出的快捷菜单中执行"放置"→"指示"→"参数设置"命令。

2. 放置 PCB 布线标志

启动放置 PCB 布线标志命令后，鼠标指针变成十字形，"PCB Rule"图标悬浮在鼠标指针上,将鼠标指针移动到放置 PCB 布线标志的位置单击,即可完成 PCB 布线标志的放置。右击退出放置 PCB 布线标志状态。

3. PCB 布线标志属性设置

在放置 PCB 布线标志状态下,按 Tab 键,或者在已放置的 PCB 布线标志上双击鼠标,弹出参数"Properties"(属性)面板,如图 2-66 所示。

(1) 在该面板中可以对 PCB 布线标志的名称、位置、旋转角度及布线规则属性进行设置。

- (X/Y):用于设定 PCB 布线标志符号在原理图上的坐标。
- "Label"(名称)文本框:用于输入 PCB 布线标志符号的名称。
- "Style"(类型)文本框:用于设定 PCB 布线标志符号在原理图上的类型,包括"Large"(大的)和"Tiny"(极小的)。

(2) "Rules"(规则)和"Classes"(级别)下拉列表框中列出了该 PCB 布线指示的相关参数,包括名称、数值及类型。选中任一参数值,单击"Add"(添加)按钮,系统弹出如图 2-67 所示的"选择设计规则类型"对话框,窗口内列出了 PCB 布线时用到的所有规则类型供用户选择。

图 2-66 PCB 布线标志属性设置

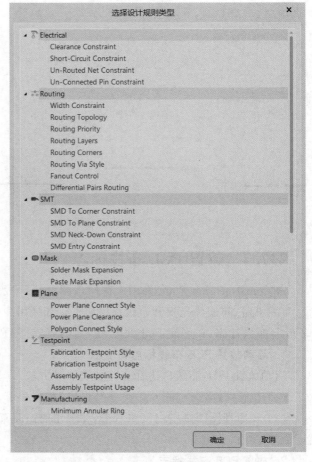

图 2-67 "选择设计规则类型"对话框

2.8　打印与输出报表

原理图设计完成之后，经常输出一些数据和图纸。本节将介绍 Altium Designer 20 原理图的打印与报表输出。

Altium Designer 20 可以提供更丰富的报表功能，生成一系列的报表文件。这些报表文件有着不同的功能和用途，为 PCB 设计的后期制作、元器件采购、文件交流等提供了方便。在生成各种报表之前，首先应确保要生成报表的文件已经被打开并置为当前文件。

2.8.1　打印输出

为方便原理图的浏览、交流，经常需要将原理图打印到图纸上。Altium Designer 20 提供了直接将原理图打印输出的功能。

在打印之前首先进行页面设置。执行"文件"→"页面设置"命令即可弹出"Schematic Print Properties"对话框，如图 2-68 所示。

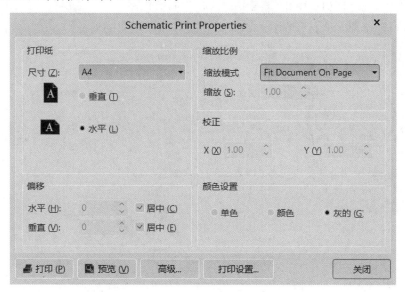

图 2-68　"Schematic Print Properties"对话框

其中各项设置说明如下。

1."打印纸"选项组

设置纸张，具体包括以下几个选项。

（1）"尺寸"下拉列表：选择所用打印纸的尺寸。

（2）"垂直"单选按钮：选中该单选按钮，将使图纸纵放。

（3）"水平"单选按钮：选中该单选按钮，将使图纸横放。

2."偏移"选项组

设置页边距，有下面两个选项。

（1）"水平"选项：设置水平页边距。

（2）"垂直"选项：设置垂直页边距。

3."缩放比例"选项组

设置打印比例,有下面两个选项。

(1)"缩放模式"下拉列表:选择比例模式,有下面两种选择。选择"Fit Document On Page",系统自动调整比例,以便将整张图纸打印到一张图纸上。选择"Scaled Print",由用户自己定义比例的大小,这时整张图纸将以用户定义的比例打印,有可能是打印在一张图纸上,也有可能打印在多张图纸上。

(2)"缩放"选项:当选择"Scaled Print"模式时,用户可以在这里设置打印比例。

4."校正"选项组

修正打印比例。

5."颜色设置"选项组

设置打印的颜色,有3种选择:"单色""彩色"和"灰度"。

6. 其他按钮

单击 预览(V) 按钮,可以预览打印效果。

单击"打印设置"按钮,可以进行打印机设置,如图 2-69 所示。

设置、预览完成后,即可单击 打印(P) 按钮,打印原理图。

此外,执行"文件"→"打印"命令,也可以实现打印原理图的功能。

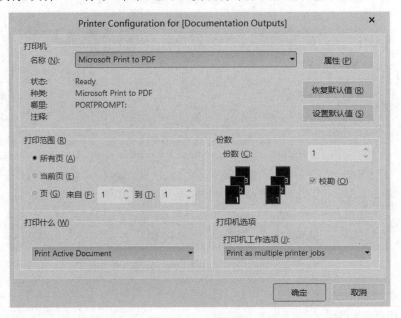

图 2-69 打印设置

2.8.2 网络表

网络表有多种格式,通常为一个 ASCII 的文本文件,网络表用于记录和描述电路中的各个元器件的数据以及各个元器件之间的连接关系。在以往低版本的设计软件中,往往需要生成网络表以便进行下一步的 PCB 设计或进行仿真。Altium Designer 20 提供了集成的开发环境,用户不用生成网络表就可以直接生成 PCB 或进行仿真。但有时为方便交流,还是需要生成网络表。

在由原理图生成的各种报表中,网络表极为重要。所谓网络,指的是彼此连接在一起的一组元器件引脚,一个电路实际上就是由若干网络组成的。而网络表就是对电路或者电路原理图的一个完整描述,描述的内容包括两个方面:一是电路原理图中所有元器件的信息(包括元器件标识、元器件引脚和 PCB 封装形式等);二是网络的连接信息(包括网络名称、网络结点等),是进行 PCB 布线、设计 PCB 不可缺少的工具。

网络表的生成有多种方法,可以在原理图编辑器中由电路原理图文件直接生成,也可以利用文本编辑器手动编辑生成。当然,还可以在 PCB 编辑器中,从已经布线的 PCB 文件中导出相应的网络表。

Altium Designer 20 为用户提供了方便快捷的实用工具,可以帮助用户针对不同的项目设计需求,创建多种格式的网络表文件。在这里,我们需要创建的是用于 PCB 设计的网络表,即 Protel 网络表。

具体来说,网络表包括两种:一种是基于单个原理图文件的网络表,另一种是基于整个项目的网络表。下面以实例"80C31BH. PrjPcb"为例,介绍网络表的创建及特点。在创建网络表之前,首先应该进行简单的选项设置。

1. 网络表选项设置

(1) 打开项目文件"80C31BH. PrjPcb",并打开其中的任意电路原理图文件。

(2) 执行"工程"→"工程选项"菜单命令,打开"Options for PCB Project 80C31BH. PrjPcb"(80C31BH. PrjPcb 选项)对话框。单击"Options"标签,打开"Options"选项卡,如图 2-70 所示。

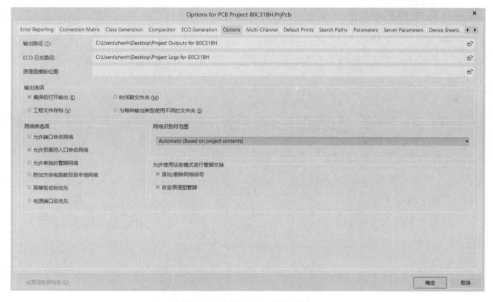

图 2-70　"Options"选项卡

在该选项卡内可以进行网络表的有关选项设置。

- "输出路径"文本框:用于设置各种报表(包括网络表)的输出路径,系统会根据当前项目所在的文件夹自动创建默认路径。单击右侧的(打开)按钮,可以对默认路径进行更改。

- "ECO 日志路径"文本框:用于设置 ECO Log 文件的输出路径,系统会根据当前项目所在的文件夹自动创建默认路径。单击右侧的(打开)按钮,可以对默认路径进行更改。

- "输出选项"选项组：用于设置网络表的输出选项，一般保持默认设置即可。
- "网络表选项"选项组：用于设置创建网络表的条件。
- "允许端口命名网络"复选框：用于设置是否允许用系统产生的网络名代替与电路输入/输出端口相关联的网络名。如果所设计的项目只是普通的原理图文件，不包含层次关系，可勾选该复选框。
- "允许页面符入口命名网络"复选框：用于设置是否允许用系统生成的网络名代替与图纸入口相关联的网络名，系统默认勾选。
- "允许单独的引脚网络"复选框：用于设置生成网络表时，是否允许系统自动将引脚号添加到各个网络名称中。
- "附加方块电路数目到本地网络"复选框：用于设置生成网络表时，是否允许系统自动将图纸号添加到各个网络名称中。当一个项目中包含多个原理图文档时，应勾选该复选框，以便于查找错误。
- "高等级名称优先"复选框：用于设置生成网络表时排序优先权。勾选该复选框，系统以名称对应结构层次的高低决定优先权。
- "电源端口名优先"复选框：用于设置生成网络表时的排序优先权。勾选该复选框，系统将对电源端口的命名给予更高的优先权。

本书中，使用系统默认的设置即可。

2. 创建基于整个项目的网络表

执行"设计"→"工程的网络表"→"Protel"命令，如图 2-71 所示。

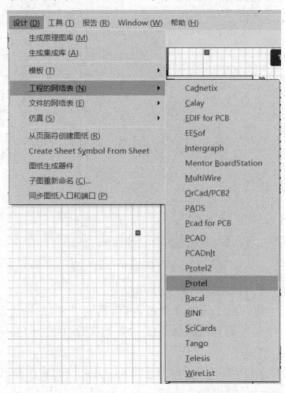

图 2-71　创建项目网络表菜单命令

系统自动生成了当前项目的网络表文件"80C31BH. NET",并存放在当前项目下的"Generated\Netlist Files"文件夹中。双击打开该项目网络表文件"80C31BH. NET",结果如图 2-72 所示。

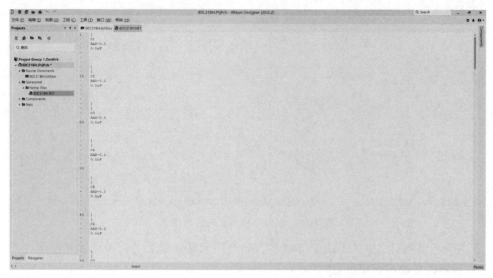

图 2-72 创建基于整个项目的网络表

该网络表是一个简单的 ASCII 文本文件,由一行一行的文本组成。内容分成了两部分:一部分是元器件的信息,另一部分则是网络的信息。

元器件的信息由若干小段组成,每一个元器件的信息为一小段,用方括号分隔,由元器件的标识、封装形式、型号、数值等组成,空行则是由系统自动生成的。

网络的信息同样由若干小段组成,每一个网络的信息为一小段,用圆括号分隔,由网络名称和网络中所具有电气连接关系的元器件引脚组成。

3. 基于单个原理图文件的网络表

下面以上一实例项目"80C31BH. PrjPcb"中的原理图文件"80C31BH. SchDoc"为例,介绍基于单个原理图文件的网络表的创建。

(1) 打开项目"80C31BH. PrjPcb"中的原理图文件"80C31BH. SchDoc"。

(2) 执行"设计"→"文件的网络表"→"Protel"(生成原理图网络表)菜单命令。

(3) 系统自动生成了当前原理图的网络表文件"80C31BH. NET"并存放在当前项目下的"Generated\Netlist Files"文件夹中。双击打开该项目网络表文件"80C31BH. NET",结果如图 2-73 所示。

该网络表的组成形式与上述基于整个项目的网络表是一样的,在此不再重复。

由于该项目只有一个原理图文件,因此,基于原理图文件的网络表"80C31BH. NET"与基于整个项目的网络表名称相同,所包含的内容也完全相同。

2.8.3 生成元器件报表

元器件报表主要用来列出当前项目中用到的所有元器件的标识、封装形式、库参考等,相当于一份元器件清单。依据这份报表,用户可以详细查看项目中元器件的各类信息;同时,在制作印制电路板时,也可以作为元器件采购的参考。

图 2-73　创建原理图文件的网络表

下面仍然以项目"80C31BH. PrjPcb"为例,介绍元器件报表的选项设置和创建过程。

1. 元器件报表的选项设置

(1) 打开项目"80C31BH. PrjPcb"中的原理图文件"80C31BH. SchDoc"。

(2) 执行"报告"→"Bill of Materials"(元器件清单)菜单命令,系统弹出相应的元器件报表对话框,如图 2-74 所示。

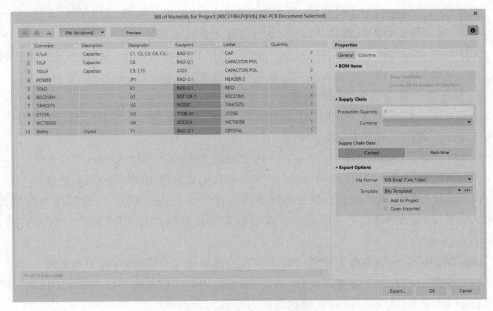

图 2-74　元器件报表对话框

(3) 在该对话框中,可以对要创建的元器件报表进行选项设置。右侧有两个选项卡,它们的含义不同。

"General"(通用)选项卡:一般用于设置常用参数。部分选项功能如下。

• "File Format"(文件格式)下拉列表框:用于为元器件报表设置文件输出格式。单击右侧的下拉按钮，可以选择不同的文件输出格式，如 CVS 格式、XLS 格式、PDF 格式、html 格式、TXT 格式、XML 格式等。

- "Add to Project"（添加到项目）复选框：若勾选该复选框，则系统在创建了元器件报表之后会将报表直接添加到项目里面。

- "Open Exported"（打开输出报表）复选框：若勾选该复选框，则系统在创建了元器件报表以后，会自动以相应的格式打开。

- "Template"（模板）下拉列表框：用于为元器件报表设置显示模板。单击右侧的下拉按钮，可以使用曾经用过的模板文件，也可以单击 ··· 按钮重新选择。选择时，如果模板文件与元器件报表在同一目录下，则可以勾选下面的"Relative Path to Template File"（模板文件的相对路径）复选框，以使用相对路径搜索，否则应该使用绝对路径搜索。

"Columns"（纵队）选项卡：用于列出系统提供的所有元器件属性信息，如"Description"（元器件描述信息）、"Component Kind"（元器件种类）等。部分选项功能如下。

- "Drag a column to group"（将列拖到组中）下拉列表框：用于设置元器件的归类标准。如果将"Columns"下拉列表框中的某一属性信息拖到该下拉列表框中，则系统将以该属性信息为标准，对元器件进行归类，并显示在元器件报表中。

- "Columns"下拉列表框：单击按钮，将其进行显示，即将在元器件报表中显示需要查看的有用信息。在图 2-75 所示的对话框中，使用了系统的默认设置，即只显示了"Comment"（注释）、"Description"（描述）、"Designator"（标识符）、"Footprint"（封装）、"LibRef"（库编号）和"Quantity"（数量）6 个选项。

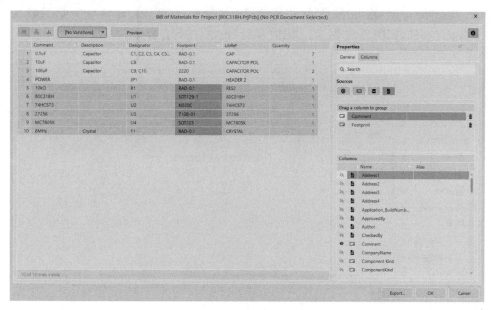

图 2-75 元器件的归类显示

例如，显示了"Columns"下拉列表框中的"Description"复选框，并将该选项拖到"Drag a column to group"下拉列表框中。此时，所有描述信息相同的元器件被归为一类，显示在右侧的元器件下拉列表中。

　　另外,在右边元器件下拉列表的各栏中都有一个下拉按钮,单击该按钮,同样可以设置元器件下拉列表的显示内容。

　　例如,单击元器件下拉列表中"Description"选项的下拉按钮,则会弹出图 2-76 所示的下拉列表。

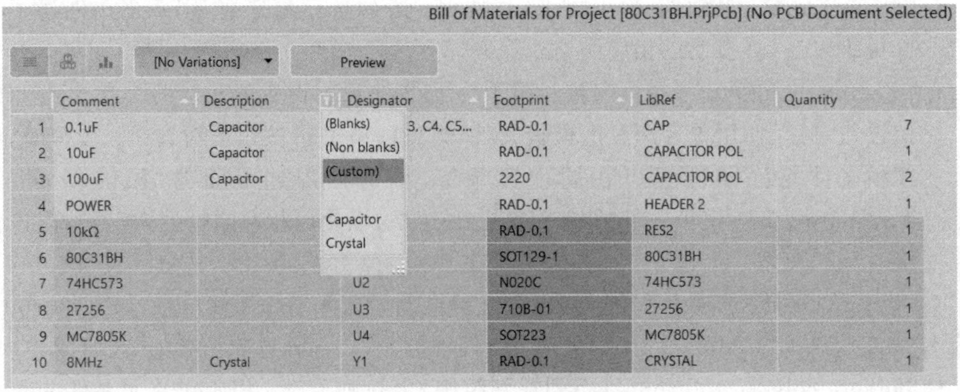

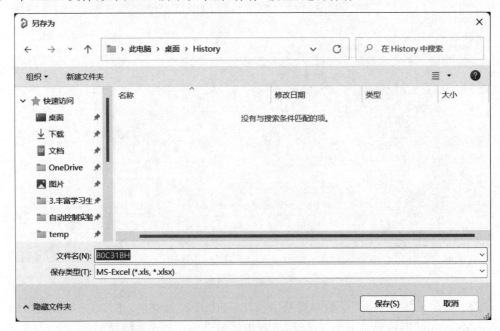

図 2-76 "Description"选项的下拉列表

　　在下拉列表中,可以选择"Custom"(以定制方式显示),这样可以只显示具有某一具体信息的元器件。

　　设置好元器件报表的相应选项后,就可以进行元器件报表的创建、显示及输出了。元器件报表可以多种格式输出,但一般选择 XLS 格式。

2. 元器件报表的创建

　　(1) 单击"Export"(输出)按钮,可以将该报表进行保存,默认文件名为"80C31BH. xlsx",是一个 Excel 文件,如图 2-77 所示。单击"保存"按钮,进行保存。

図 2-77 保存元器件报表

（2）单击"打开"按钮后，返回元器件报表对话框。单击 OK 按钮，退出对话框。

此外，Altium Designer 20 还为用户提供了简易的元器件报表，不需要进行设置即可自动产生。系统在"Project"（工程）面板中自动添加"Component""Net"选项组，显示工程文件中所有的元器件与网络，如图 2-78 所示。

图 2-78　元器件与网络

2.9　综合实例——A/D 转换电路

在数字电路系统中，A/D（模/数）转换电路是比较常见的系统，本例中所绘 A/D 转换电路原理图如图 2-79 所示。

设计思路：

首选，创建新的原理图，并选好存储位置进行文件保存；其次，对电路中的元器件进行初步分析，该原理图由电阻、电容、"地"符号、A/D 芯片、集成芯片、插接件、连接器、电源符号和导线组成，绘制此图的方法是先放置所有元件，确定 A/D 芯片和集成芯片的位置后进行元件布局，然后用导线将其连接起来，其中，可利用总线连接两芯片，最后放置"地"符号，可完成全图。然后对其进行打印与报表输出。

本实例的具体操作步骤如下：

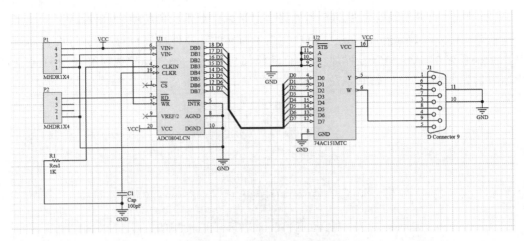

图 2-79　A/D 转换电路的原理图

在绘制原理图之前,由于所绘制的原理图的器件在原有的库中找不到,需要先添加两个库文件,然后对其进行器件查找。添加的两个库分别是 Fairchild Semiconductor 和 National Semiconductor。

在相应的路径中添加库文件"C:\用户\公用\共用文档\Altium\AD 20\Library",如图 2-80 所示。

图 2-80　添加库文件

【步骤(1)新建原理图并保存】

(1) 首先,新建原理图:选择"文件"→"新建"→"原理图"命令,新建原理图;其次,保存文件:选择"文件"→"保存为"命令,在弹出的对话框选择好位置,将文件名称更改为"A/D 转换电路",单击"保存"按钮进行保存。此时进入原理图编译工作环境。

【步骤(2)~(13)放置元器件】

(2) 放置元器件:选择"放置"→"器件"命令,在弹出的"Components"对话框中选择对应的库,进行搜索查找。

(3) 在"NSC ADC. IntLib"库中,单击左下端的"查找"按钮,自动开始搜索满足设置条件的元件,搜索结果如图 2-81 所示。

(4) 在对话框的"元件名称"栏中列出了搜索结果,在该栏中单击选择 ADC0801LCN 选项,单击"确认"按钮。

（5）光标变成十字形，并浮动着元件 ADC0804LCN，移动光标到适当位置，单击放置该 AD 芯片，在工作区右击或者按键盘 Esc 键退出放置器件状态，如图 2-82 所示。然后设置元件标识符为"U1"。

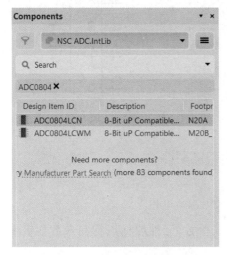

图 2-81　按条件搜索结果

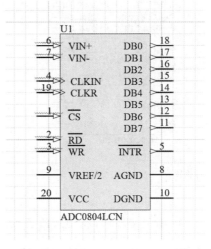

图 2-82　放置 ADC0801LCN 元件

（6）重复步骤（2）～（5），找到另外一个芯片 74AC151MTC，它存在于 FSC Logic Multiplexer.IntLib 库中，设置元件标识符为"U2"，然后放置到原理图上。如图 2-83 所示。

（7）继续选择"放置"→"器件"命令，在弹出的"放置端口"对话框中单击"选择"按钮，进入"浏览库"对话框，在库文件管理面板上的库选择栏中选择 Miscellaneous Connectors. IntLib 选项。

（8）在"Components"对话框中查找"D Connector 9"元件，如图 2-84 所示，单击选择后，然后单击"确认"按钮。移动光标到合适位置，按空格键选择器件，直至到原理图所示的方向，单击放置该连接器，在工作区右击退出或者按 Esc 键结束连接器放置状态，设置元件标识符为"J1"，已完成的部分元件放置如图 2-85 所示。

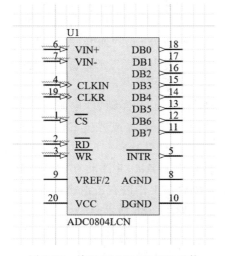

图 2-83　放置 74AC151MTC 元件

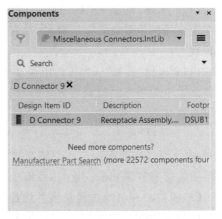

图 2-84　"D Connector 9"元件选择

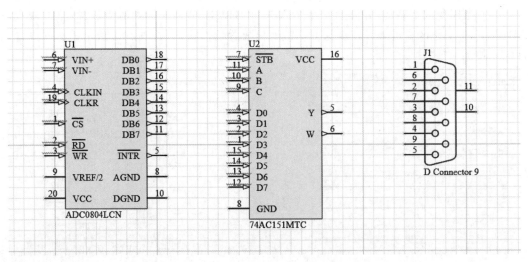

图 2-85   完成的部分元件放置

（9）重复步骤（7）和（8），放置其余元件，并设置其参数，元件的标识符和参数如表 2-7 所示。

表 2-7   元件参数表

标　识　符	封　装　形　式	值
U1	ADC0801LCN	—
U2	74AC151MTC	—
C1	Cap	100pF
R1	Res1	1kΩ
P1,P2	MHDR1X4	—
J1	D Connector 9	—

【步骤（10）～（13）元器件摆放】

（10）放置完所有元件后，需要将元件放置在合理的布置位置，在元器件上方单击选中元器件，并调整位置，以方便导线连接，方法是先将 U1 和 U2 的位置确定，然后再将其他元器件按照"A/D 转换电路"原理图放置。

（11）选择"放置"→"GND 端口"命令，光标变成十字状，并浮动着"地"符号，在需要放置接地符号的位置放置接地符号，放置完成后，在工作区右击退出或者按 Esc 键结束连接器放置状态。

（12）选择"放置"→"VCC 电源端口"命令，光标变成十字状，并浮动着"电源"符号，在需要放置电源符号的位置放置该符号，放置完成后在工作区右击退出或者按 Esc 键结束连接器放置状态。

（13）选择"放置"→"指示"→"没有 ERC"命令，光标变成十字状，并浮动着"没有 ERC"符号，在元件 U1 的引脚 1 和引脚 9 放置该符号，放置完成后在工作区右击退出或者按 Esc 键结束连接器放置状态。此时，所有元件及符号摆放完成，如图 2-86 所示。

【步骤（14）～（17）放置总线并连线】

（14）利用总线连接的方式连接 U1 和 U2 之间需要连接的引脚。选择"放置"→"总线"命令，光标变成十字状，将光标移动到 U1 和 U2 之间合适位置单击，确定总线的起始点，然

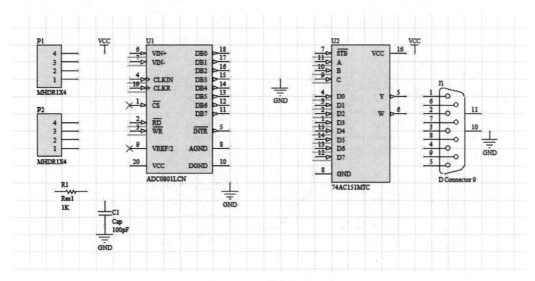

图 2-86 元件布局完成图

后拖动鼠标,绘制总线,在需要转弯的位置单击,到总线的终点位置,单击确定总线终点,最后右击,即可在两个芯片之间绘制出一条总线,放置完成后在工作区右击退出或者按 Esc 键结束连接器放置状态,如图 2-87 所示。

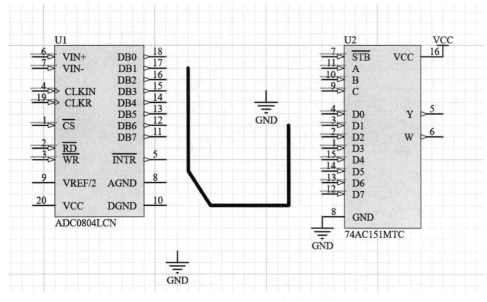

图 2-87 总线的绘制

(15)选择"放置"→"总线入口"命令,用"总线入口"将总线和芯片的各个引脚连接起来,操作中,按空格键可以改变总线分支的倾斜方向,放置完成后在工作区右击退出或者按 Esc 键结束连接器放置状态。

由于总线并没有实际的电气意义,所以在应用总线时要和网络标号相配合。选择"放置"→"网络标签"命令,在芯片的引脚上放置对应的网络标签,确保电气相连接的引脚具有相同的网络标签,放置完网络标号后,如图 2-88 所示。

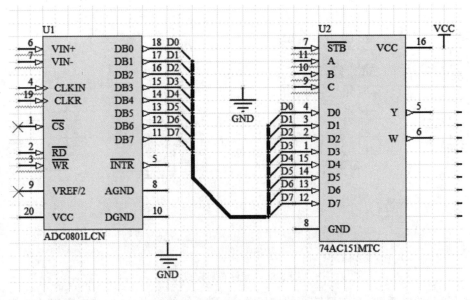

图 2-88　放置总线入口和网络标号

（16）选择"放置"→"线"命令，绘制导线连接原理图其他需要连接的部分，如图 2-89 所示。线路要尽量少交叉，且清晰。

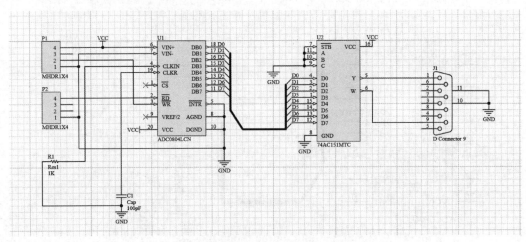

图 2-89　完成导线连接

（17）选择"文件"→"保存为"命令或按 Ctrl＋S 快捷键保存文件。

【步骤（18）～（20）原理图打印输出】

（18）选择"文件"→"页面设置"命令即可弹出"Schematic Print Properties"对话框，如图 2-90 所示。

（19）设置相关参数，这里选择水平打印。"偏移"选项组中可以设置打印页面到边框的距离，页边距也分水平和竖直两种。在"缩放比例"选项组中的"Scale Mode"下拉列表中选择打印比例。如果选择了"Fit Document On Page"选项，则表示采用充满整页的缩放比例，系统会自动根据当前打印纸的尺寸计算合适的缩放比例；如果选择了"Scaled Print"选项，则"缩放"文本框和"校正"选择区域将被激活，在"缩放"文本框中输入缩放的比例；也可以

图 2-90　"Schematic Print Properties"对话框

在"校正"选择区域中设置 X 方向和 Y 方向的尺寸,以确定 X 方向和 Y 方向的缩放比例。在"颜色设置"选项组中设置图纸输出颜色。如图 2-91 所示。

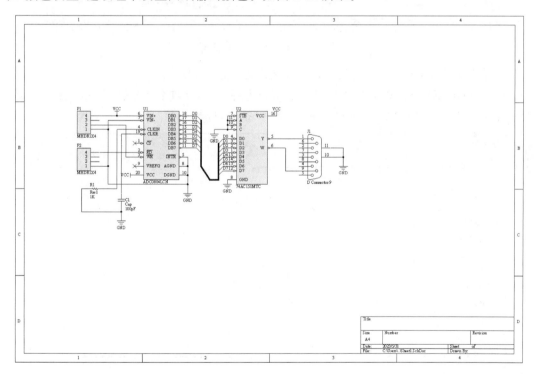

图 2-91　原理图打印效果预览

(20)打印设置完成后,单击"打印"按钮即可完成打印输出。

【步骤(21)~(24)生成元器件报表】

(21)首先建立工作环境,选择"文件"→"新的"→"项目",对项目进行命名,建议工程文件保存为"A/D 转换电路. PrjPCB"。

（22）在项目中打开已经做好的原理图，并对项目进行保存。

（23）执行"报告"→"Bill of Materials"（元器件清单）菜单命令，系统弹出相应的元器件报表对话框，如图 2-92 所示。

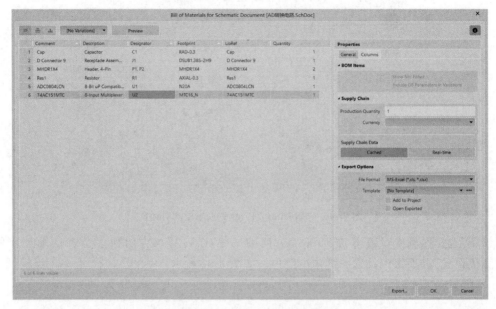

图 2-92　元器件报表对话框

在该对话框中，可以对要创建的元器件报表进行选项设置。

（24）单击"Export"按钮，可以将该报表进行保存，默认文件名为"A/D 转换电路. xlsx"，是一个 Excel 文件，如图 2-93 所示。单击"保存"按钮，进行保存。

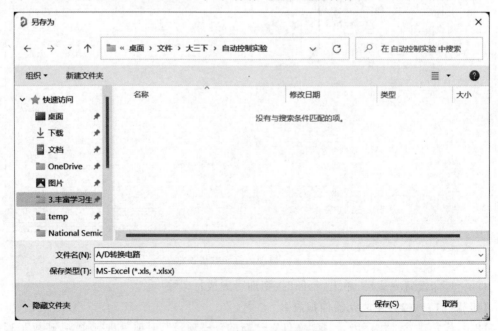

图 2-93　保存元器件报表

本案例讲述了原理图的绘制与连线、原理图的打印输出与元器件报表的生成,用户可根据自己的需求进行动手学习。

本章习题

(1) 创建一个 PCB 工程,并在该工程下新建电路原理图。

(2) 设置新建电路原理图,图纸大小为 A1、方向为水平并填写图纸信息。

(3) 熟悉 Altium Designer 20 原理图中工作环境设置,设置常用的选项卡。

(4) 在原理图中使用的电气连接方式有哪几种?

(5) 除导线之外,还可以通过哪些绘制工具来建立电气连接?

(6) 放置忽略 ERC 检查指示符具有什么作用?

(7) 去挖掘一下"对电路原理图的仔细研究摸索"的"工匠精神"的完美诠释。

第 3 章

层次原理图的设计

本章知识点：

1. 了解层次原理图的概念及设计方法。
2. 掌握绘制一般层次原理图、理解层次原理图的设计思路。
3. 熟练应用层次原理图。

在前面已经学习了一般电路原理图的基本设计方法，将整个系统的电路绘制在一张原理图纸上。这种方法适用于规模较小、逻辑结构比较简单的系统电路设计。而对于大规模的电路系统来说，由于所包含的对象数量繁多，结构关系复杂，很难在一张原理图纸上完整地绘出，即使勉强绘制出来，其错综复杂的结构也非常不利于电路的阅读分析与检测。

针对复杂电路系统的设计，Altium Designer 20 提供了一种层次原理图设计模式，即在实际设计过程中，设计人将电路图按功能或位置分成不同模块，电路由相对简单的几个模块组成，在不同模块中再进行电路图的绘制，即整张原理图可分成若干子原理图，子原理图可再细分。

3.1 层次原理图的基本概念

对于电路原理图的模块化设计，Altium Designer 20 提供了层次原理图的设计方法。这种方法可以将一个庞大的系统电路作为一个整体项目来设计，根据系统功能所划分出的若干个电路模块则分别作为设计文件添加到该项目中。这样就把一个复杂的大型电路原理图设计变成了多个简单的小型电路原理图设计，而且层次清晰，设计简便。

层次电路原理图的设计理念是将实际的总体电路进行模块划分，划分的原则是每一个电路模块都应该有明确的功能特征和相对独立的结构，还要有简单、统一的接口，便于模块彼此之间的连接。

针对每一个具体的电路模块，可以分别绘制相应的电路原理图，该原理图一般称之为"子原理图"。而各个电路模块之间的连接关系则采用一个顶层原理图来表示，顶层原理图主要由若干个方块电路即图纸符号组成，用来展示各个电路模块之间的系统连接关系，描述了整体电路的功能结构。这样，把整个系统电路分解成了顶层原理图和若干个子原理图来分别进行设计。

在层次原理图的设计过程中还需要注意一个问题,在另一个层次原理图的工程项目中只能有一张总母图,一张原理图中的方块电路不能参考这张图纸上的其他方块电路或其上一级的原理图。

3.2 层次原理图的基本结构和组成

Altium Designer 20软件提供的层次原理图设计,能够实现多层的层次化设计功能。用户可以将整个电路系统划分为若干个子系统,每个子系统可以划分为若干个功能模块,而每一个功能模块还可以再细分为若干个基本的小模块,这样依次细分下去,就把整个系统划分为多个层次,电路设计化繁为简。

一个两层结构原理图的基本结构由顶层原理图和子原理图共同组成,这就是所谓的层次化结构。其中,子原理图是用来描述某一电路模块具体功能的普通电路原理图,只不过增加了一些输入/输出端口,作为与上层原理图进行电气连接的接口。普通电路原理图的绘制方法在前面已经学习过,主要由各种具体的元件、导线等构成。

顶层原理图即母图的主要构成元素不再是具体的元件,而是代表子原理图的图纸符号,图纸符号之间也是借助于电路端口进行连接的,也可以使用导线或总线完成连接。此外,同一个项目的所有电路原理图(包括顶层原理图和子原理图)中,相同名称的输入、输出端口和电路端口之间,在电气意义上都是相互连通的。

3.3 层次结构原理图的设计方法

层次原理图的设计方法是把整个电路项目分成若干子原理图来描述。多个子原理图能联合起来共同描述一个原理图,总原理图以顶层原理图形式表现整个电路原理图的结构。基于上述设计理念,层次电路原理图的具体实现方法有两种:一种是自上而下的设计方法,另一种是自下而上的设计方法。

自上而下的设计方法是在绘制电路原理图之前,要求设计者对这个设计有一个整体的把握。把整个电路设计分成多个模块,确定每个模块的设计内容,然后对每一模块进行详细的设计。在C语言中,这种设计方法被称为自顶向下,逐步细化。该设计方法要求设计者在绘制原理图之前就对系统有比较深入的了解,对电路的模块划分比较清楚。

自下而上的设计方法是设计者先绘制子原理图,根据子原理图生成原理图符号,进而生成上层原理图,最后完成整个设计。这种方法比较适用于对整个设计不是非常熟悉的用户,这也是一种适合初学者选择的设计方法。

3.3.1 自上而下的层次原理图设计

采用自上而下设计方法,首先要绘制顶层原理图,再根据顶层原理图的结构,将整个电路分解成不同功能的子模块,然后分别绘制各个方块图对应的子模块的原理图,这样层层绘制下去,完成整个层次原理图的设计,其流程如图3-1所示。

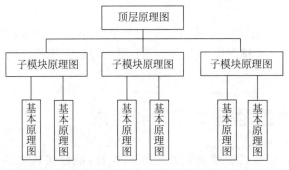

图 3-1　自上而下设计流程

3.3.2　自下而上的层次原理图设计

采用自下而上设计方法,首先要设计子原理图,进而设计方块图,形成上层原理图。这样的设计思路,往往在对模块的应用背景或具体端口不明的情况下采用,其设计流程如图 3-2 所示。

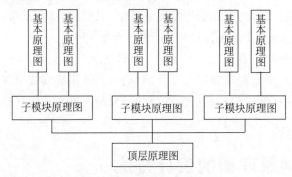

图 3-2　自下而上设计流程

3.4　层次原理图设计的常用工具

在层次原理图中,信号的传递主要依靠页面符、图纸入口和端口来实现。

3.4.1　页面符

在层次原理图中,页面符是自上而下设计方法中首先要用到的单元。用一张带有若干个 I/O 端口的页面符可以代表一张完整的电路图。在层次原理图设计中,用页面符代替子原理图,也可将页面符看成原理图的封装,其放置步骤如下:

【实例 3-1】　放置页面符。

(1) 在打开的原理图界面下,选择"放置"→"页面符"命令,或在"布线"工具栏中单击"放置页面符"的快捷图标,或在原理图页面内单击鼠标右键选择"放置"→"页面符"命令。

(2) 执行命令后光标将变成十字状,将光标移至欲确定图纸的左上角位置,在起点位置单击后,移动光标至欲确定图表符的右下角位置单击,完成图纸符号放置,如图 3-3 所示。可按 Esc 键或在工作区中右击退出端口放置状态。

如果需要修改放置的页面符的特性参数,可以通过双击图纸进入属性和参数对话框或者单击鼠标右键选择"Properties",打开的右侧"Properties"对话框如图 3-4 所示。

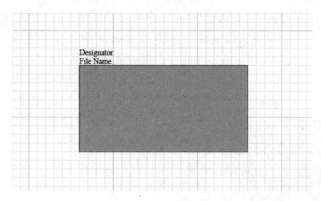

图 3-3 图表符的位置

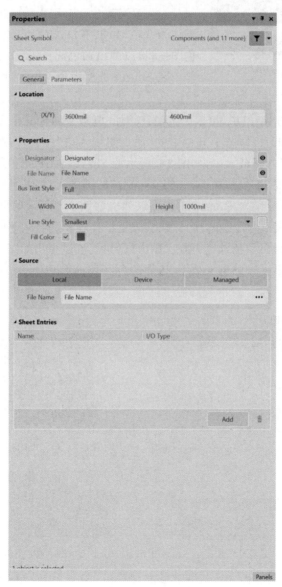

图 3-4 页面符属性对话框

可以在"Properties(属性)"对话框"General"标签下设置一些参数,其中,"Location(定位)"表示图表符的左上角顶点具体坐标位置,可以修改具体的 X 轴和 Y 轴坐标。

在 Properties 选型组中,"Designator(标识符)"文本框用于设置页面符的名称,只是一个符号,没有电气特性;"File Name(文件名)"文本框用于设置图表所代表的子原理图的文件名,是图表符中唯一具有电气特性的参数,且设置"唯一 ID"作为标识。"Bus Text Style"

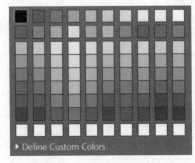

图 3-5　颜色选择矩阵

(总线文本类型)用于设置线束连接器文本显示类型,有 Full(全程)和 Prefix(前缀)两种可选。Width 和 Height 分别用于设定图表符的大小;"Line Style"(线的类型)表示设定页面符外框的线宽,可选择 Smallest(最细)、Small(细)、Medium(中)和 Large(大)。"Fill Colour"(填充颜色)表示图表符方框中间的填充颜色,默认为绿色,如果不勾选对号,则为无色透明;单击绿色图框,可以弹出颜色选择矩阵,如图 3-5 所示。

在 Source 选型组中,"File Name"(文件名)文本框用于设置图表所代表的子原理图的文件名。

在 Sheet Entries 选型组中,可以为页面符添加、删除或编辑其余元件连接的图纸入口,在该选项组下添加图纸入口,与工具栏中的"添加图纸入口"按钮作用相同。单击"Add"按钮,在该面板中自动填入图纸入口,如图 3-6 所示的 Sheet Entries 选项变化及图 3-7 所示的原理图中图表符的情况,系统添加了一个名称为"1"的图纸入口,并且输入/输出接口属性为"不确定"。单击"Times New Roman,IO"可以弹出如图 3-8 所示的文字设置框,可以设置页面符文字的字体类型、字体大小、字体颜色,设置字体加粗、斜体、下画线、横线等效果。单击框中颜色同样可以弹出颜色选择矩阵。单击"Other"可以弹出如图 3-9 所示对话框,主要用于设置页面符中图纸入口的电气类型、边框颜色和填充颜色。单击颜色块同样可以弹出颜色选择矩阵。

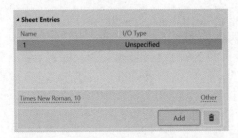

图 3-6　单击"Add"按钮后的 Sheet Entries 示意图

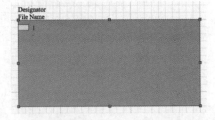

图 3-7　单击"Add"按钮后的图表符变化

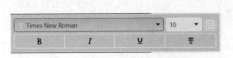

图 3-8　图表符中文字设置框

图 3-9　图纸入口的设置框

可以在"Properties(属性)"对话框下单击"Parameters(参数)"标签打开如图 3-10 所示选项卡,在该选项卡中可以为页面符的图纸符号添加、删除或编辑标注文字。单击"Add"

（添加）按钮，添加的显示参数如图 3-11 所示，在该面板可以设置标注文字的"名称""值""位置""颜色""字体""定位"以及"类型"等。可以单击 ⊙ 选择是否显示"Value"值，单击 **a** 选择是否显示"Name"。

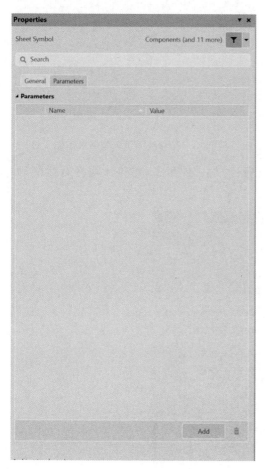

图 3-10　"Parameters"选项卡（一）

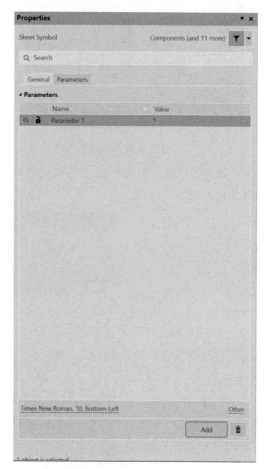

图 3-11　"Parameters"选项卡（二）

3.4.2　图纸入口

图纸入口用在顶层原理图的页面符里，可以体现页面符对外呈现出来的特性。在层次原理图设计中，如果将页面符看成是一个元件封装，那么图纸入口相当于元件的引脚。其操作步骤如下：

【**实例 3-2**】　放置图纸入口。

（1）继续以实例 3-1 结果为基础，在已有原理图基础上选择"放置"→"添加图纸入口"命令，或在原理图页面内单击鼠标右键选择"添加图纸入口"快捷图标，或在"布线"工具栏中鼠标右键单击"放置页面符"快捷图标后在弹出的窗口中选择"放置图纸入口"快捷图标。

（2）执行命令后光标将变成十字状，并带一个图表符入口符号，将光标移至图表符内，则方块入口自动定位在图表符的边界上，移动光标，图纸入口会沿着图表符边界移动，在合适位置单击后，完成方块入口放置，如图 3-12 所示。

　　放置图纸入口必须在原理图中已存在图表符为前提,否则,该命令执行后图纸入口显示呈现灰色,单击鼠标左键无任何反应,鼠标右击或按 Esc 按键退出放置操作。如图 3-13 所示。

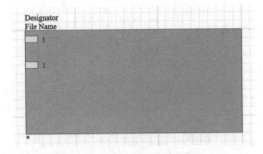

图 3-12　放在页面符的图纸入口

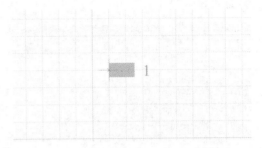

图 3-13　没有放入页面符时的图纸入口

　　如果需要修改放置的图纸入口的参数,可以通过双击"图纸入口"进入属性对话框,如图 3-14 所示。

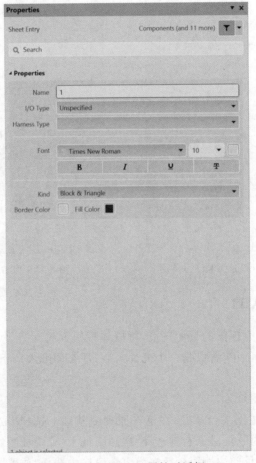

图 3-14　图纸入口属性对话框

　　其中,"Name"(名称)用于设置图纸入口名称,这是图纸入口最重要的属性之一,具有相同名称的图纸入口在电气上是连通的。"I/O Type"(输入/输出端口类型)用于设置图纸入口的电气特性,对后面的电气规则检查提供一定的依据。可以选择"Unspecified"(未定义）、"Output"（输出）、"Input"（输入）和"Bidirectional"（双向）中任意一种,如图3-15所示输入/输出端口的4种类型。

图3-15　输入/输出端口的4种类型

还可以设定"Font"（字体）,菜单下有很多种选择,字体大小默认为"10"号,字体颜色可以选择加粗（B）、倾斜（I）、下画线（U）和删除线（T）。可以选择"Kind"（类型）,有 Block & Triangle（方块与三角形）、Triangle（三角形）、Arrow（箭式）和 Arrow Tail（箭尾式）。可以设定图纸入口的"Border Colour"（边缘颜色）和"Fill Colour"（填充颜色）。单击两个颜色选择框,同样可以得到如上文中图3-5所示的颜色选择矩阵。

3.4.3　端口

端口是不同原理图之间的连接通道,实现原理图的纵向链接。需要注意的是,I/O端口具有方向性,因此使用I/O端口表示元件引脚或者导线之间的电气连接关系时,同时也会指定引脚或者导线上的信号传输方向。

【实例3-3】　放置端口。

（1）选择"放置"→"端口"命令或在"布线"工具栏中鼠标左键单击"放置端口"快捷图标。

（2）执行命令后光标变成十字状,并带一个端口符号,在合适位置单击,确定端口的左侧端点,完成端口放置,如图3-16所示两个端口。

如果需要修改端口的属性和参数,可以通过双击"端口"进入属性对话框,如图3-17所示。

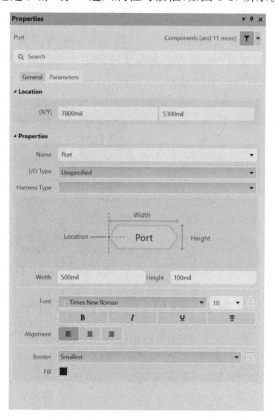

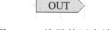

图3-16　放置的两个端口

图3-17　端口属性对话框

在 General 标签中,"Location"(定位)表示端口最左边顶点的坐标位置,可以修改具体的 X 轴和 Y 轴坐标。"Name"(名称)用于设置端口的名称,并且在同一工程项目中的所有原理图中名称一致的端口表示电气性是一致的,即连接在一起的。"I/O Type"(输入/输出端口类型)具有"Unspecified"(未定义)、"Output"(输出)、"Input"(输入)和"Bidirectional"(双向)四种任意可选;Width 和 Height 分别用于设定端口的大小;"Font"(字体)用于设定端口中字体,菜单下有很多种选择;可以设定字体大小,默认为"10"号,字体颜色可以选择加粗(B)、倾斜(I)、下画线(U)和删除线(T)。"Alignment"(对齐)可以设定端口中文字的对其方式,可选择左对齐、居中和右对齐三种之一;"Border"(边缘)可以设定端口的外框的线宽,可选择 Smallest(最细)、Small(细)、Medium(中)和 Large(大);后边的颜色框可以选择外框的颜色;"Fill"(填充)可以设定端口内部填充的颜色,默认为黄色。单击颜色选择框,同样可以得到上文图 3-5 所示的颜色选择矩阵。

3.5　不同层次原理图之间的切换

当进行较大规模的原理图设计时,层次原理图结构比较复杂,由多个子原理图和母原理图构成,同时读入或编辑的具有层次关系的原理图张数较多时,经常需要在不同层次原理图之间来回切换。Altium Designer 20 也包含这部分功能,下面将对其进行讲解。

3.5.1　项目管理器切换原理图

在比较简单的项目中,原理图较少,层次较少,易于管理。设计好的层次原理图,在左侧的项目管理器中可以看到层次原理图的结构。本书以配套的案例 CH3-5 文件夹中的案例为基础,打开其中的 mother. PrjPcb 工程文件,如图 3-18 所示。单击母图前面的"▲"图标,可以展开或闭合树状结构,在树状结构中单击欲打开的原理图文件图标,即可切换到相应的原理图。

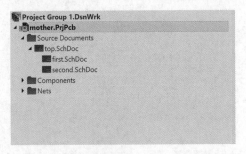

图 3-18　用设计管理器切换层次原理图

3.5.2　菜单命令切换原理图

除了项目管理器切换原理图之外,还有 2 种主要的菜单命令切换方法。

(1) 选择"工具"→"上/下层次"命令。

(2) 单击"原理图标准"工具栏中的"上/下层次"快捷图标。

执行该命令时光标将变成十字状,若是由总原理图切换到子图,应将光标移动到总图的图表符上,双击鼠标左键,即可切换到该子图;若是由子图切换到总原理图,应将光标移动到与总图连接的子图上的电路端口,双击鼠标左键,即可切换到总原理图。

3.6 操作实例——整流稳压电路

本节操作案例采用整流稳压电路,顶层电路示意图如图 3-19 所示。按照功能可以分成整流和稳压两部分,即整个顶层原理图可以分成两个子原理图表示,即如图 3-20 和图 3-21所示的稳压和整流两个子原理图。

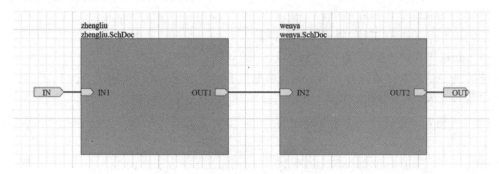

图 3-19 整流稳压顶层原理图

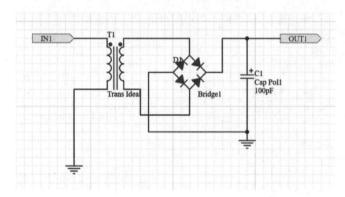

图 3-20 整流子原理图(1st. SchDoc)

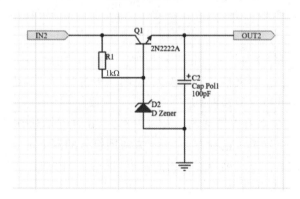

图 3-21 稳压子原理图(2nd. SchDoc)

设计思路:

首先,创建一个 PCB 工程,在工程下创建三张新的原理图,并选好存储位置对工程和原理图文件命名并保存。

其次,对 3 张原理图中的元器件进行分析统计,该顶层原理图由 2 个图表符、2 个端口和 4 个图纸入口组成;整流子原理图主要由 2 个端口、1 个可变变压器、1 个电桥、1 个极性电容和 2 个 GND 端口组成;稳压子原理图主要由 2 个端口、1 个电阻、1 个三极管、1 个电阻、1 个稳压二极管、1 个极性电容和 1 个 GND 端口组成。

最后,放置好所有元件,确定各芯片的位置后进行元件布局,然后用导线将其连接起来,即可完成全图。

本实例的具体操作步骤如下:

【步骤(1)、(2)新建工程、原理图并保存】

(1) 新建工程:选择"文件"→"新的"→"项目"命令,弹出如图 3-22 所示的对话框,设定工程名称为 AC-DC,并设置好工程路径,单击"Create"创建一个 PCB 项目文档。选择"文件"→"保存工程"命令,单击"保存"按钮进行保存。

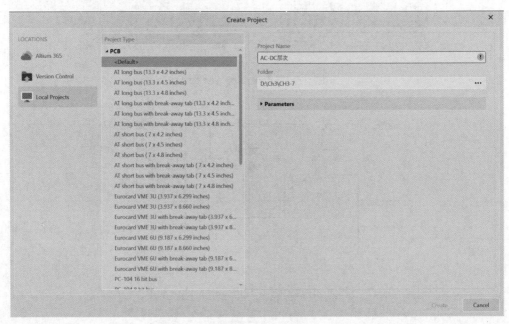

图 3-22　新建 AC-DC 项目设置界面

(2) 新建原理:选择"文件"→"新的"→"原理图"命令,选择"文件"→"保存为"命令,在弹出的对话框选择好位置,将文件名称更改为"总图",单击"保存"按钮进行保存。

【步骤(3)～(9)设计层次原理图】

(3) 开始自上而下建立层次原理图。右击工作区,在弹出的快捷菜单中选择"放置"→"页面符"命令,在适当位置单击鼠标左键,确定方块图符号的左上端点位置,移动光标,适当调整图表符大小,单击鼠标左键确定方块图的终点,确认页面符的位置,按 Esc 键或者鼠标单击右键退出放置页面符的命令。

(4) 按上述方法再放置一个方块电路图,鼠标左键双击已放置页面符,弹出"方块符号"对话框。

(5) 将两个图表符的标识分别设置成"zhengliu"和"wenya",文件名分别为 zhengliu.SchDoc 和 wenya.SchDoc,设置后如图 3-23 所示。

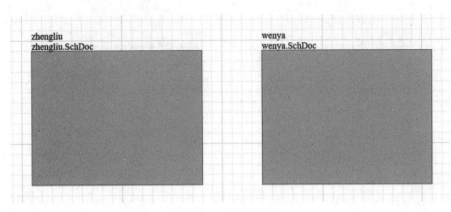

图 3-23　设置图表符

（6）右击工作区，在弹出的快捷菜单中选择"放置"→"添加图纸入口"命令，分别放置在两个方块电路的 I/O 端口，放置后如图 3-24 所示。

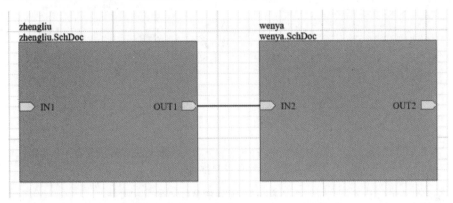

图 3-24　放置"图纸入口"

（7）选择"放置"→"端口"命令或者单击"配线"工具栏中的"端口"按钮，进入端口放置命令，在图表符左右两侧分别放置一个端口符号。

（8）分别双击 4 个图纸入口和两端口，可分别弹出"方块入口"和"端口属性"对话框，在其中设置"方块入口"的名称和 I/O 类型、"端口属性"的名称和 I/O 类型，各个端口的参数如表 3-1 所示。

表 3-1　端口的参数

名称	I/O 类型	所属图纸符号	名称	I/O 类型	所属图纸符号
IN	Input	顶层原理图	IN2	Input	2nd. SchDoc
IN1	Input	1st. SchDoc	OUT2	Output	2nd. SchDoc
OUT1	Output	1st. SchDoc	OUT	Output	顶层原理图

（9）选择"放置"→"线"命令，将上述端口和图纸入口等相连接，完成连接后的顶层原理图如图 3-25 所示。

【步骤（10）～（15）设计子原理图】

（10）选择"设计"→"从页面符创建图纸"命令，光标将变成十字形，在图表符"1st. sch"上单击，直接弹出"zhengliu. SchDoc"的子原理图，系统创建名为"zhengliu. SchDoc"的原理图。

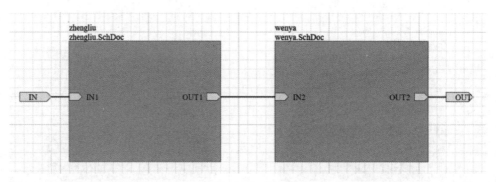

图 3-25　完成连接的顶层原理图

（11）在 zhengliu. SchDoc 中放置并排布元件，如图 3-26 所示，各个元件的参数如表 3-2 所示。

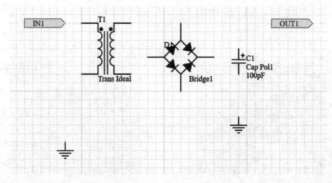

图 3-26　放置和排列元件

表 3-2　元件的参数

标 识 符	数 值	封 装
C1	100pF	Cap Pol1
D1		Bridge1
T1		Trans Ideal

（12）开始电路连线，连线完成后的子电路图如图 3-27 所示。选择"文件"→"保存文件"命令，保存 zhengliu. SchDoc 子原理图。

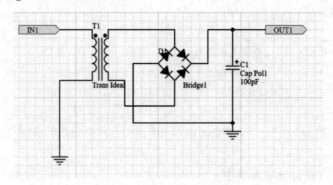

图 3-27　连线后的 zhengliu. SchDoc 的子原理图

（13）返回"整流稳压顶层原理图"，选择"设计"→"从页面符创建图纸"命令，光标将变成十字形，在图表符 wenya. schDoc 上单击，系统创建名为 wenya. schDoc 的原理图。

（14）在 wenya. schDoc 中放置并排布元件，如图 3-28 所示，各个元件的参数如表 3-3 所示。

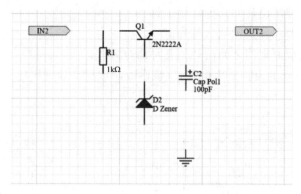

图 3-28　wenya. SchDoc 子原理图放置和排列元件

表 3-3　元件的参数

标　识　符	数　　值	封　　装
R1	1kΩ	Res1
C2	100pF	Cap Pol1
D1		D Zener
Q1		2N2222A

（15）开始电路连线，连线完成后的子电路图如图 3-29 所示。选择"文件"→"保存文件"命令，保存 wenya. schDoc 子原理图。至此，整个层次电路图设计完毕。

（16）回到工程界面下，单击选择"工程"→"Compile PCB Project AC-DC. PrjPcb"（编译PCB 项目）命令。至此，整个层次电路图设计完毕。文件的上下级视图如图 3-30 所示。

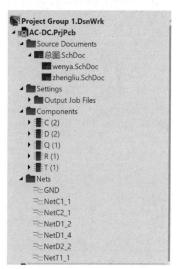

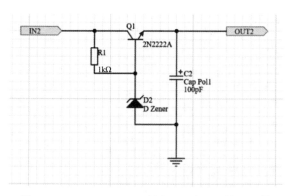

图 3-29　wenya. SchDoc 子原理图放置和排列元件　　　　图 3-30　项目文件上下级视图

本章习题

（1）简述层次原理图设计的主要作用。

（2）简述层次原理图设计的几种常用工具。

（3）画出不同类型和种类的端口符号。

（4）简述不同层次原理图之间的切换几种命令方式。

（5）如图 3-31 所示的模拟放大电路，将该图改画成层次原理图电路。

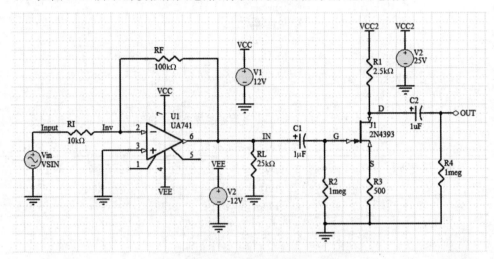

图 3-31　模拟放大电路

（6）2006 年，我国成为 PCB 赛道全球产值最大的国家，大家查阅一下产业发展情况。

第 4 章

电路板设计及后期处理

本章知识点:

1. 了解 PCB 设计基础知识。

2. 掌握 PCB 布局与布线的操作技巧。

3. 熟练 PCB 的后期制作。

设计电路板是整个工程设计的最终目标。原理图设计是为后期的电路板设计打基础,制板商要参照用户所设计的 PCB 图来进行电路板的生产。由于要满足功能上的需要,电路板设计往往有很多的规则要求,如要考虑到实际中的散热和干扰等问题。因此相对于原理图的设计来说,对 PCB 图的设计则需要设计者更细心和耐心。

在完成网络报表的导入后,元器件已经出现在工作窗口中了,此时可以开始元器件的布局。元器件的布局是指将网络表中的所有元器件放置在 PCB 上,是 PCB 设计的关键一步。好的布局通常是有电气连接的元器件引脚比较靠近,这样的布局可以让走线距离短,占用空间比较少,从而使整个电路板的导线能够走通,走线的效果也将更好。

电路布局的整体要求是"整齐、美观、对称、元器件密度平均",这样才能让电路板达到最高的利用率,并降低电路板的制作成本。同时,设计者在布局时还要考虑电路的机械结构、散热、电磁干扰及将来布线的方便性等问题。元器件的布局有自动布局和交互式布局两种方式,其中,自动布线是设计辅助软件所必需的功能之一。对于散热、电磁干扰及高频等要求较低的大型电路设计来说,采用自动布线操作可以大大地降低布线的工作量。但对于特别复杂的电路板设计,如果自动布线不能够满足实际工程设计的要求,可以通过手动布线进行调整。通常采取两者结合会达到很好的效果。

4.1 PCB 设计基础

4.1.1 PCB 编辑器的界面

打开 Altium Designer 20 软件,选择"文件"→"新的"→"PCB"命令,新建的 PCB 文件及其编辑界面如图 4-1 所示。

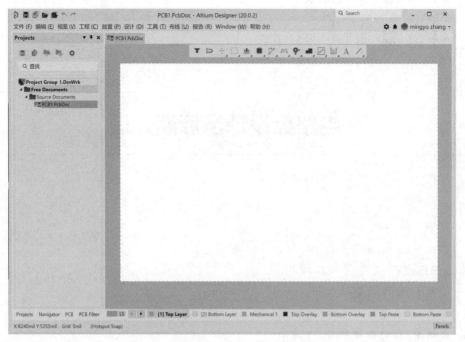

图 4-1　新建的 PCB 文件及其编辑界面

　　PCB 编辑界面与原理图编辑界面类似,该编辑界面也是在软件主界面基础上添加了一系列菜单栏和工具栏,并连同工作面板(包括快捷图标)三部分共同组成。其中,菜单和工具栏中包含的操作功能几乎对应,主要用于 PCB 设计中电路板的设置、布局、布线和工程操作等;在工作区窗口中,鼠标单击右键弹出的快捷菜单如图 4-2 所示,该菜单中包括了一些PCB 设计的常用命令,主要在放置的子菜单下,如图 4-3 所示。

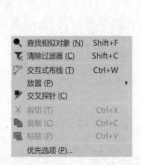

图 4-2　工作区鼠标右键弹出的快捷菜单　　　　　　　图 4-3　放置下的子菜单命令

1．菜单栏

在 PCB 设计过程中，各项操作都可以使用菜单栏中相应的命令来完成，菜单栏中的各菜单功能简要介绍如下。

（1）"文件"菜单：用于文件的新建、打开、关闭、保存与打印等操作。

（2）"编辑"菜单：用于对象的复制、粘贴、选取、删除、导线切割、移动、对齐等编辑操作。

（3）"视图"菜单：用于实现对视图的各种管理，如工作窗口的放大与缩小，各种工具、面板、状态栏及结点的显示与隐藏等，以及 3D 模型、公英制转换等。

（4）"工程"菜单：用于实现与项目有关的各种操作，如项目文件的编译、新建、打开、保存与关闭，工程项目的编译及比较等。

（5）"放置"菜单：包含了在 PCB 中放置导线、字符、焊盘、过孔等各种对象，以及放置坐标、标注等命令。

（6）"设计"菜单：用于添加或删除元件库、导入网络表、原理图与 PCB 间的同步更新及印制电路板的定义，以及电路板形状的设置、移动等操作。

（7）"工具"菜单：用于为 PCB 设计提供各种工具，如 DRC 检查、元件的手动与自动布局、PCB 图的密度分析及信号完整性分析等操作。

（8）"布线"菜单：用于执行与 PCB 自动布线相关的各种操作。

（9）"报告"菜单：用于执行生成 PCB 设计报表及 PCB 板尺寸丈量等操作。

（10）"Window（窗口）"菜单：用于对窗口进行各种操作。

（11）"帮助"菜单：用于打开帮助菜单。

2．工具栏

工具栏中以图标按钮的形式列出常用菜单命令的快捷方式，用户可根据需要对工具栏中包含的命令进行选择，对摆放位置进行调整。右击菜单栏或工具栏的空白区域即可弹出工具栏的命令菜单，如图 4-4 所示，包含 6 个命令，带有"√"标志的命令表示被选中并出现在工作窗口上方的工具栏中，每一个命令代表一系列工具选项。

图 4-4　工具栏的
命令菜单

（1）"PCB 标准"命令用于控制如图 4-5 所示的 PCB 标准工具栏的打开与关闭。

图 4-5　PCB 标准工具栏菜单

（2）"过滤器"命令用于控制如图 4-6 所示的过滤工具栏的打开与关闭，可以快速定位各种对象。

（3）"应用工具"命令用于控制如图 4-7 所示的实用工具栏后的打开与关闭。

图 4-6　过滤工具栏　　　　　　　　　　　图 4-7　应用工具栏

（4）"布线"命令用于控制如图 4-8 所示的布线工具栏的打开与关闭。

（5）"导航"命令用于控制如图 4-9 所示的导航工具栏的打开与关闭。通过这些按钮，可以实现在不同界面之间的快速跳转。

图 4-8　布线工具栏　　　　　　　　　　　图 4-9　导航工具栏

（6）"Customize"（用户定义）命令用于用户自定义设置，选择后弹出如图 4-10 所示的对话窗口。

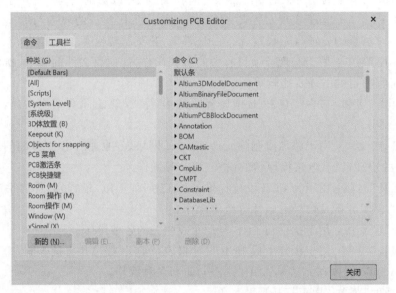

图 4-10　自定义设置对话框

3．快捷命令

在图纸的顶部有一排快捷命令，依次分别是选择过滤器、捕获目标、移动对象、选择下一个重叠对象、排列元件、放置器件、走线、网络等长调节、放置过孔、铺铜、放置禁止布线线径、放置字符串、放置线条等命令，这些命令在绘制 PCB 时会被快速调用，如图 4-11 所示。

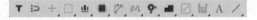

图 4-11　PCB 快捷命令

4．图层切换选项

在 PCB 图纸的底部，如图 4-12 所示，有一排特殊的切换选项，这是层管理按钮，每个按钮代表一个层，当选中该层时，对应画面显示该层。

LS ◀ ▶ [1] Top Layer ■ [2] Bottom Layer ■ **Mechanical 1** ■ Top Overlay ■ Bottom Overlay ■ Top Paste ■ Bottom Paste ■ Top Solder ■ Bottom Solder ■ Drill Guide ■ Keep-Out Layer ■ Drill

图 4-12　层切换选项

4.1.2　新建 PCB 文件

新建 PCB 文件有三种方法。

1．利用菜单命令创建 PCB 文件

用户可以使用菜单命令直接创建一个 PCB 文件，之后再为该文件设置各种参数。创建空白 PCB 文件可以采用以下几种方式。

（1）选择菜单栏中的"文件"→"新的"→"项目"命令，先建立一个项目；然后在工程菜

单中单击鼠标右键选择"添加新的…到工程"→"PCB"命令。

（2）选择菜单栏中的"文件"→"新的"→"PCB"命令，创建一个空白 PCB 文件。

新创建的 PCB 文件的各项参数均采用系统默认值。在进行具体设计时，还需要对该文件的各项参数进行设置，这些将在本章后面的内容中介绍。

2. 利用模板创建 PCB 文件

Altium Designer 20 还提供了通过 PCB 模板创建 PCB 文件的方式，其操作步骤如下：执行"文件"→"打开"命令，弹出如图 4-13 所示的"Choose Document to Open"（选择要打开的文件）对话框，该对话框默认的路径是 Altium Designer 20 自带的模板路径。打开该路径 AD20 中的 Templates 文件，该文件中为用户提供了多个可用的模板，和原理图文件面板一样，在该对话框中能够打开的都是包含模板信息的后缀为"Prj PCB"和"Pcb Doc"的文件。从对话框中选择所需的模板文件，然后单击"打开"按钮即可生成一个 PCB 文件，生成的文件将显示在工作窗口中。由于通过模板生成 PCB 文件的方式操作起来非常简单，因此，建议用户在从事电子设计时将自己常用的 PCB 保存为模板文件，以便于以后的工作。

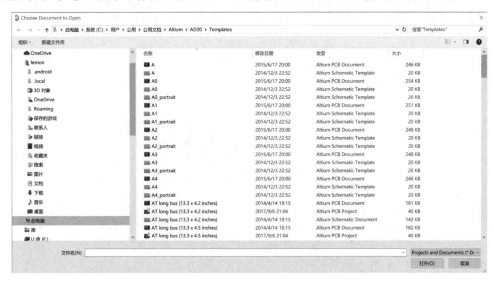

图 4-13 "Choose Document to Open"（选择要打开的文件）对话框

3. 利用右键快捷命令创建 PCB 文件

Altium Designer 20 还可通过右键快捷命令生成 PCB 文件的方式创建一个 PCB 文件，其具体步骤如下：在"Projects"（工程）面板的工程文件上单击鼠标右键，在弹出的快捷菜单中选择"Add New Project…"命令，弹出如图 4-14 所示的工程项目设置界面，单击"Create"按钮创建工程文件。

在"Projects"（工程）面板中单击鼠标右键选择"添加新的…到工程"→"PCB"命令，如图 4-15 所示，在该工程文件中新建一个 PCB 文件。

4.1.3 电路板的物理结构及编辑环境参数设置

由于工程项目中机电一体化的设计要求，通常在进行 PCB 设计前，首先要对板的各种属性进行设置，主要包括板形的设置、PCB 图纸的设置、电路板层的设置、层的显示、颜色的设置、布线框的设置、PCB 系统参数的设置及 PCB 设计工具栏的设置等。

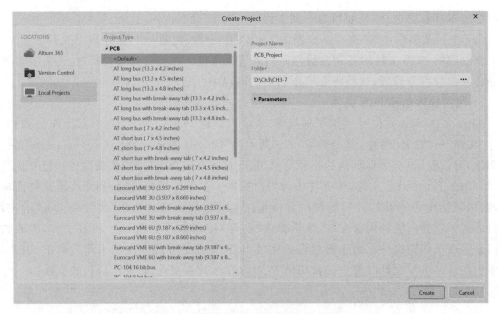

图 4-14　创建工程

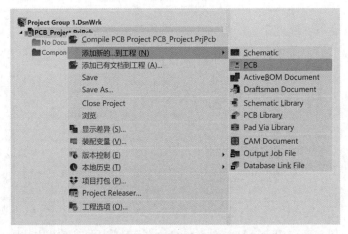

图 4-15　鼠标右键选择菜单命令

1. 电路板物理边框设置

1) 边框线设置

电路板的物理边框即为 PCB 的实际大小和形状,板形的设置是在"Mechanical 1"上进行的,根据所设计的 PCB 在产品中的安装位置、所占空间的大小、形状及与其他部件的配合来确定 PCB 的外形与尺寸。具体的步骤如下。

(1) 新建一个 PCB 文件,使之处于当前的工作窗口中,如图 4-16 所示。默认的 PCB 为带有栅格的黑色区域,包括以下 13 个工作层面。

两个信号层为 Top Layer(顶层)和 Bottom Layer(底层):用于建立电气连接的铜箔层。

Mechanical 1(机械层):用于设置 PCB 与机械加工相关的参数,以及用于 PCB 3D 模型放置与显示。

Top Overlay(顶层丝印层)、Bottom Overlay(底层丝印层):用于添加电路板的说明文字。

　　Top Paste(顶层锡膏防护层)、Bottom Paste(底层锡膏防护层)：用于添加露在电路板外的铜铂。

　　Top Solder(顶层阻焊层)和 Bottom Solder(底层阻焊层)：用于添加电路板的绿油覆盖。

　　Drill Guide(过孔引导层)、Drill Drawing(过孔钻孔层)：用于设置钻孔的位置和大小等信息。

　　Keep-Out Layer(禁止布线层)：用于设置布线范围，支持系统的自动布局和自动布线功能。

　　Multi-Layer(多层同时显示)：可实现多层叠加显示，用于显示与多个电路板层相关的PCB 细节。

　　(2) 单击工作窗口下方的"Mechanical 1"标签，使该层处于当前的工作窗口中。

　　(3) 选择"放置"→"线条"命令，鼠标将变成十字形状。将鼠标移到工作窗口的合适位置，单击即可进行线的放置操作，每单击一次就确定一个固定点。通常将板的形状定义为方形。但在特殊的情况下，为了满足电路的某种特殊要求，也可以将板形定义为圆形、椭圆形或者不规则的多边形。这些都可以通过"放置"菜单来完成。

　　(4) 当绘制的线组成了一个封闭的边框时，即可结束边框的绘制。右击或者按下 Esc 键即可退出该操作，绘制结束后的 PCB 边框如图 4-16 所示。

　　(5) 设置边框线属性。双击任一边框线打开该线的"Properties"面板，如图 4-17 所示。

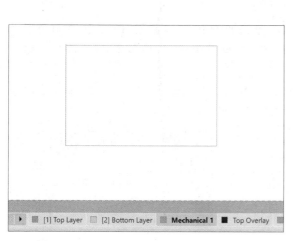

图 4-16　设置边框后的 PCB 图

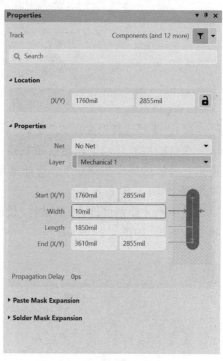

图 4-17　设置边框线属性对话框

　　为了确保 PCB 中边框线为封闭状态，可以在"Properties"面板中对线的起始和结束点断行设置，使一根线的终点为下根线的起点。下面介绍其余选项的含义。

　　① "Location"选项用于设定线的起始点坐标，后边的锁型按钮可以实现锁定功能，锁定后，无法对该线进行移动等操作。

②"Net"下拉列表用于设置边框线所在的网络。通常边框线不属于任何网络,即不存在任何电气特性。

③"Layer"下拉列表用于设置该线所在的电路板层。用户在开始画线时可以不选择"Mechanical 1"层,在此处进行工作层的修改也可以实现上述操作所达到的效果,只是这样需要对所有边框线段进行设置,操作起来比较麻烦。

④ Width 和 Length 分别用于设定线的宽度和长度。

⑤ Start(X\Y)和 End(X\Y)分别用于设定线的起点和终点的坐标。

2）板形的修改

对边框线进行设置主要是给制板商提供制作板形的依据。用户也可以在设计时直接修改板形,即在工作窗口中直接看到自己所设计的板子的外观形状,然后对板形进行修改。板形的设置与修改主要是通过"设计"→"板子形状"下的子菜单来完成的,如图 4-18 所示。

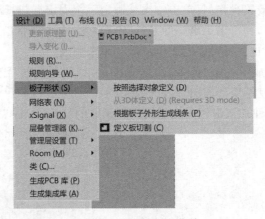

图 4-18　"板子形状"菜单

（1）"按照选择对象定义"选项

在机械层或其他层利用线条或圆弧定义一个内嵌的边界,以新建对象为参考重新定义板形。具体的操作步骤如下：选择菜单栏中"放置"→"圆弧（中心）"命令,在电路板上绘制一个圆,如图 4-19 所示。

选中刚才绘制的圆,然后选择"设计"→"板子形状"→"按照选择对象定义"命令,电路板将变成圆形,如图 4-20 所示。

图 4-19　绘制一个圆

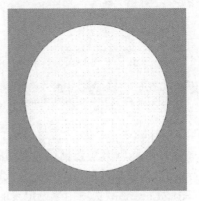

图 4-20　定义后的圆形板形

（2）"根据板子外形生成线条"选项。

在机械层或其他层将板子边界转换为线条，具体的操作步骤如下。

以图 4-1 的 PCB 为基础，选择"设计"→"板子形状"→"根据板子外形生成线条"命令，弹出"从板外形而来的线/弧原始数据"对话框，如图 4-21 所示。按照需要设置参数，单击"确定"按钮，退出对话框，板边界自动转化为线条，如图 4-22 所示。

图 4-21 "从板外形而来的线/弧原始数据"对话框

图 4-22 线条边界

2. 电路板图纸设置

与原理图一样，用户也可以对电路板图纸进行设置，默认状态下的图纸是不可见的。大多数 Altium Designer 20 附带的例子是将电路板显示在白色的图纸上，与原理图图纸完全相同。图纸大多被绘制在"Mechanical 6"上，图纸的设置主要有以下两种方法。

（1）通过"Properties"（属性）面板进行设置。

鼠标左键单击右侧的"Panels"（面板）按钮，弹出的对话框如图 4-23 所示，类似 Projects一样也勾选"Properties"（属性），在主页右侧显示"Properties"（属性）面板编辑界面如图 4-24所示，其中各选项组的功能如下。

图 4-23 Panels（面板）

图 4-24 PCB 属性

- "Search"（搜索）功能：允许在面板中搜索所需的条目。
- "Selection Filter"（选择过滤器）选项组：设置过滤对象。也可单击 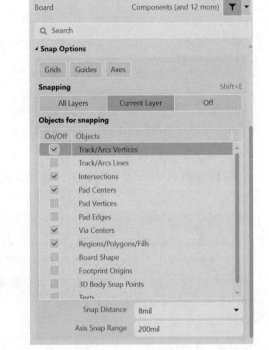 中的下拉按钮。该功能与原理图编辑下的选择过滤器功能一致，当选择好需要选中的对象类型时，在 PCB 图纸中可以选择该类型的对象，否则无法选中，如图 4-25 所示。
- "Snap Options"（捕获选项）选项组：设置图纸是否启用捕获功能，如图 4-26 所示，其中包括"Grids"（栅格）、"Guides"（辅助线）和"Axes"（坐标）3 个选项。

图 4-25　选择过滤器

图 4-26　捕获选项

- "Snapping"（捕捉）选项组：捕捉的对象热点所在层包括"All Layer"（所有层）、"Current Layer"（当前层）和"Off（关闭）"3 个选项。
- "Board Information"（板信息）选项组：显示 PCB 图纸的尺寸、各层元件个数等信息，如图 4-27 所示。

板信息汇总了 PCB 上的各类图元，如导线、过孔、焊盘等的数量，报告了电路板的尺寸信息和 DRC 违例数量；报告了 PCB 上元件的统计信息，包括元件总数、各层放置数目和元件标号列表；列出了电路板的网络统计，包括导入网络总数和网络名称列表。

单击 Reports 按钮，系统将弹出如图 4-28 所示的"板级报告"对话框，通过该对话框可以生成 PCB 信息的报表文件，在该对话框的列表框中选择要包含在报表文件中的内容。勾选"仅选择对象"复选框时，单击"全部开启"按钮，选择所有板信息。

报表列表选项设置完毕后，在"板级报告"对话框中单击"报告"按钮。系统将生成"Board Information Report"的报表文件，并自动在工作区内打开，PCB 信息报表如图 4-29所示。

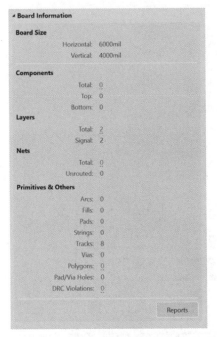

图 4-27 板信息

图 4-28 板级报告

图 4-29 PCB 板信息报告

- "Grid Manager"(栅格管理器)选项：定义捕捉栅格。单击"Add"(添加)按钮,在弹出的下拉菜单中选择命令,如图 4-30 所示,添加笛卡儿坐标下与极坐标下的栅格,在未选定对象时进行定义。

选择添加的栅格参数,激活"Properties"按钮,单击该按钮,弹出如图 4-31 所示的"Cartesian Grid Editor"(笛卡儿栅格编辑器)对话框,设置栅格间距。单击"删除"按钮,删除选中的参数。

图 4-30 "栅格管理器"及其 Add 菜单

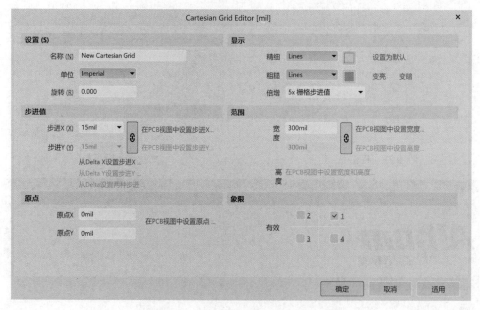

图 4-31 "笛卡儿栅格编辑器"对话框

- "Guide Manager"(向导管理器)选项组：定义电路板的向导线，添加或放置水平方向、垂直方向、+45°、−45°和捕捉栅格的向导线，在未选定对象时进行定义。单击"Add"（添加）按钮，在弹出的下拉菜单中选择命令，如图 4-32 所示，添加对应的向导线。

图 4-32 "向导管理器"及其 Add 菜单

单击"Place"（放置）按钮，在弹出的下拉菜单中选择命令，如图 4-33 所示，放置对应的向导线。单击"删除"按钮可以删除选中的参数。

- "Other"（其余的）选项组：设置其余选项。
- "Units"（单位）选项：设置为国际标准制（mm），也可以设置为英制（mils）。一般在绘制和显示时设为 mil。
- "Polygon Naming Scheme"选项：选择多边形命名格式，如图 4-34 所示。

图 4-33 向导管理器下的 Place 菜单　　　图 4-34 "Polygon Naming Scheme"选项下拉列表

- "Designator Display"选项：标识符显示方式，包括"Physical"（物理的）、"Logic"（逻辑的）两种。
- "Get Size From Sheet Layer"（从工作表中获取尺寸）选项：勾选此选项，可以从工作表中获取对应的尺寸。

（2）利用 PCB 模板添加新的图纸。

Altium Designer 20 拥有一系列预定义的 PCB 模板，主要存放在 Altium Designer 共享文档中的"AD20＞Templates"文件中，从 PCB 模板中添加新图纸的操作步骤如下。

- 单击需要进行图纸操作的 PCB 文件，使之处于当前工作窗口中。
- 单击菜单栏中的"文件"→"打开"命令，弹出如图 4-35 所示的"Choose Document to Open"（选择打开文件）对话框，选中打开路径下的一个模板文件。

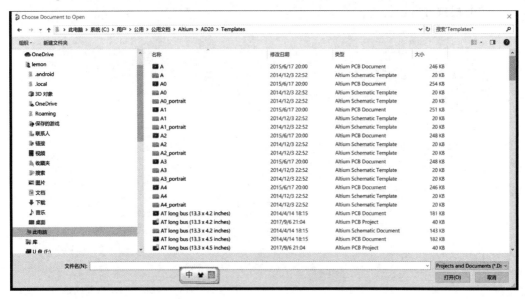

图 4-35 "Choose Document to Open"对话框

- 单击"打开"按钮,即可将模板文件导入工作窗口中,如图 4-36 所示。

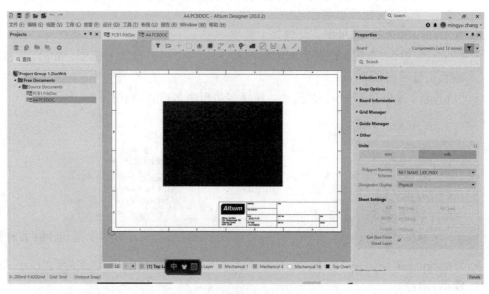

图 4-36　导入 PCB 模板文件

- 用光标拉出一个矩形框,选中该模板文件,单击菜单栏中的"编辑"→"复制"命令,进行复制操作。然后切换到要添加图纸的 PCB 文件,单击菜单栏中的"编辑"→"粘贴"命令,进行粘贴操作,此时光标变成十字形状,同时图纸边框悬浮在光标上。
- 在新建的 PCB 文件中选择合适的位置,单击即可粘贴放置该模板到 PCB 文件。如图 4-37 所示,新页面的内容将被放置到"Mechanical 16"层,若不可见,可以在界面右下角单击"Panel"按钮,弹出快捷菜单,选择"View Configuration"(视图配置)命令,打开如图 4-38 所示的"View Configuration"面板,在该面板中将"Mechanical 16"层进行显示。

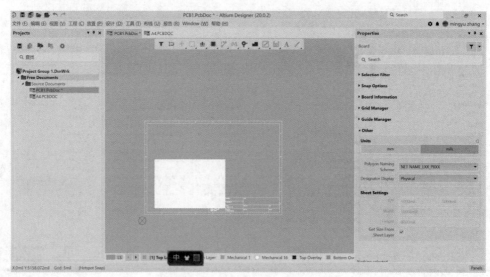

图 4-37　粘贴到 PCB 文件

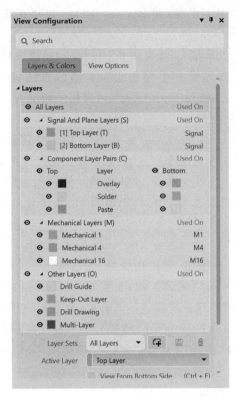

图 4-38 "View Configuration"面板

- 单击菜单栏中的"视图"→"适合文件"命令,此时图纸被重新定义了尺寸,与导入的 PCB 图纸边界范围正好相匹配。新的页面格式已经启用了。

3．电路板层设置

（1）电路板的分层。

PCB 一般包括很多层,不同的层包含不同的设计信息。制板商通常会将各层分开制作,然后经过压制、处理,最后生成各种功能的电路板。

Altium Designer 20 提供了以下 6 种类型的工作层。

- Signal Layers(信号层):即铜箔层,用于完成电气连接。Altium Designer 20 允许电路板设计 32 个信号层,分别为 Top Layer、Mid Layer 1～Mid Layer 30 和 Bottom Layer,各层以不同的颜色显示。

- Internal Planes(中间层,也称内部电源与地线层):也属于铜箔层,用于建立电源和地线网络。系统允许电路板设计 16 个中间层,分别为 Internal Layer 1～Internal Layer 16,各层以不同的颜色显示。

- Mechanical Layers(机械层):用于描述电路板机械结构、标注及加工等生产和组装信息所使用的层面,不能完成电气连接特性,但其名称可以由用户自定义。系统允许 PCB 设计包含 16 个机械层,分别为 Mechanical Layer 1～Mechanical Layer 16,各层以不同的颜色显示。

- Mask Layers(阻焊层):用于保护铜线,也可以防止焊接错误。系统允许 PCB 设计包含 4 个阻焊层,即 Top Paste(顶层锡膏防护层)、Bottom Paste(底层锡膏防护层)、Top Solder(顶层阻焊层)和 Bottom Solder(底层阻焊层),分别以不同的颜色显示。

- Silkscreen Layers(丝印层):也称图例(legend),通常该层用于放置元件标号、文字与符号,以标示出各零件在电路板上的位置。系统提供有两层丝印层,即 Top Overlay(顶层丝印层)和 Bottom Overlay(底层丝印层)。
- "Other Layers"(其他层)

Drill Guides(钻孔)和 Drill Drawing(钻孔图):用于描述钻孔图和钻孔位置。Keep-Out Layer(禁止布线层):用于定义布线区域,基本规则是元件不能放置于该层上或进行布线。只有在这里设置了闭合的布线范围,才能启动元件自动布局和自动布线功能。Multi-Layer(多层):该层用于放置穿越多层的 PCB 元件,也用于显示穿越多层的机械加工指示信息。

(2) 电路板的显示。

在界面右下角单击 Panel 按钮,弹出快捷菜单,选择"View Configuration"(视图配置)命令,打开"View Configuration"(视图配置)面板,在"Layer Sets"(层设置)下拉列表中选择"All Layers"(所有层),即可看到系统提供的所有层,如图 4-38 所示。

同时还可以选择"Signal Layers"(信号层)、"Plane Layers"(平面层)、"Non Signal Layers"(非信号层)和"Mechanical Layers"(机械层)选项,分别在电路板中单独显示对应的层。

(3) 常见层数不同的电路板。

- Single-Sided Boards(单面板)。

PCB 上元件集中在其中的一面,导线集中在另一面。如果导线只出现在其中的一面,就称这种 PCB 为单面板(Single-Sided Boards)。在单面板上通常只有底面也就是 Bottom Layer(底层)覆盖铜箔,元件的引脚焊在这一面上,通过铜箔导线完成电气特性的连接。顶层也就是 Top Layer 是空的,安装元件的一面,称为"元件面"。因为单面板在设计线路上有许多严格的限制(因为只有一面可以布线,所以布线间不能交叉而必须以各自的路径绕行),布通率往往很低,所以只有早期的电路及一些比较简单的电路才使用这类电路板。

- Double-Sided Boards(双面板)。

这种电路板的两面都可以布线,不过要同时使用两面的布线就必须在两面之间有适当的电路连接才行,这种电路间的"桥梁"叫作过孔(via)。过孔是在 PCB 上充满或涂上金属的小洞,它可以与两面的导线相连接。在双层板中通常不区分元件面和焊接面,因为两个面都可以焊接或安装元件,但习惯上称 Bottom Layer(底层)为焊接面,Top Layer(顶层)为元件面。因为双面板的面积比单面板大一倍,而且布线可以互相交错(可以绕到另一面),因此它适用于比单面板复杂的电路上。相对于多层板而言,双面板的制作成本不高,在给定一定面积时通常都能 100% 布通,因此一般的印制板都采用双面板。

- Multi-Layer Boards(多层板)。

常用的多层板有 4 层板、6 层板、8 层板和 10 层板等。简单的 4 层板是在 Top Layer(顶层)和 Bottom Layer(底层)的基础上增加了电源层和地线层,这样极大程度地解决了电磁干扰问题,提高系统的可靠性,还可以提高导线的布通率,缩小 PCB 的面积。6 层板通常在 4 层板的基础上增加 Mid-Layer 1、Mid-Layer 2 两个信号层。8 层板通常包括 1 个电源层、2个地线层、5个信号层(Top Layer、Bottom Layer、Mid-Layer 1～Mid-Layer 3)。

多层板层数的设置是很灵活的,设计者可以根据实际情况进行合理的设置。各种层的设置应尽量满足以下要求:元件层的下面为地线层,它提供器件屏蔽层及为顶层布线提供参考层;所有的信号层应尽可能与地线层相邻;尽量避免两信号层直辖相邻;主电源尽可能与其对应地相邻;兼顾层结构对称。

(4) 电路板层数设置。

电路板进行设计前,可以先对电路板的层数及属性进行设置。这里所说的层主要是指Signal Layers(信号层)、Internal Plane Layers(电源层和地线层)和 Insulation(Substrate)Layers(绝缘层)。电路板层数设置的具体操作步骤如下:

单击菜单栏中的"设计"→"层叠管理器"命令,系统将打开后缀名为".Pcb Doc"的文件,如图 4-39 所示。在该对话框中可以增加、删除、移动层并对各层属性进行设置。

#	Name	Material	Type	Weight	Thickness	Dk	Df
	Top Overlay		Overlay				
	Top Solder	Solder Resist	Solder Mask		0.4mil	3.5	
1	Top Layer		Signal	1oz	1.4mil		
	Dielectric 1	FR-4	Dielectric		12.6mil	4.8	
2	Bottom Layer		Signal	1oz	1.4mil		
	Bottom Solder	Solder Resist	Solder Mask		0.4mil	3.5	
	Bottom Overlay		Overlay				

图 4-39　层叠管理器文件

该文件的中心显示了当前 PCB 图的层结构。默认设置为双层板,即只包括 Top Layer(顶层)和 Bottom Copper Layer(底层)两层,右击某一个层,弹出快捷菜单,如图 4-40 所示,用户可以在快捷菜单中插入、删除或移动层。

双击某一层的名称或选中该层,可直接对该层的名称及铜箔厚度进行设置。

PCB 设计中最多可添加 32 个信号层、16 个电源层和地线层。各层的显示与否可在"View Configuration"(视图配置)对话框中进行设置,激活各层中的"显示"按钮即可。

电路板的层叠结构中不仅包括拥有电气特性的信号层,还包括无电气特性的绝缘层,两种典型的绝缘层主要是指"Core"(填充层)和"Prepreg"(塑料层)。

图 4-40　快捷菜单

层的堆叠类型主要是指绝缘层在电路板中的排列顺序,默认的 3 种堆叠类型包括Layer Pairs(Core 层和 Prepreg 层自上而下间隔排列)、Internal Layer Pairs(Prepreg 层和Core 层自上而下间隔排列)和 Build-up(顶层和底层为 Core 层,中间全部为 Prepreg 层)。改变层的堆叠类型将会改变 Core 层和 Prepreg 在层中的分布,只有在信号完整性分析需要用到盲孔或深埋过孔时才需要进行层的堆叠类型的设置。

4．电路板层显示与颜色设置

PCB 编辑器采用不同的颜色显示各个电路板层，以便于区分，用户可以根据个人习惯进行设置，决定是否在编辑器内显示该层。

打开"View Configuration"（视图配置）面板设置对应层面和系统的显示颜色。

"显示"按钮用于决定此层是否在 PCB 编辑器内显示。不同位置的"显示"按钮启用/禁用的层不同。每个层组可以单独实现启用/禁用，也可以实现整个层组的启用/禁用。

如果要修改某层的颜色，单击该颜色栏内的色条，即可弹出如图 2-14 所示的颜色列表。

（1）在"Layer Sets"（层设置）设置栏中，有"All Layers"（所有层）、"Signal Layers"（信号层）、"Plane Layers"（平面层）、"Non Signal Layers"（非信号层）和"Mechanical Layers"（机械层）选项，它们分别对应其上方的信号层、电源层、地线层和机械层。选择"All Layers"（所有层）决定了在板层和颜色面板中显示全部的层面，还是只显示图层堆支中设置的有效层面。一般情况下，为使面板简洁明了，默认选择"All Layers"（所有层），只显示有效层面，对未用层面可以忽略其颜色设置。

（2）单击"Used On"（使用的层打开）按钮，即可选中该层的"显示"按钮，清除其余所有层的选中状态。

（3）显示系统的颜色，在"System Colors"（系统颜色）栏中可以对系统的两种类型可视格点的显示或隐藏进行设置，还可以对不同的系统对象进行设置。

5．PCB 布线区的设置

对布线区进行设置的主要目的是为自动布局和自动布线做准备。通过菜单栏中的"文件"→"新的"→"PCB"（印制电路板文件）命令或通过模板创建的 PCB 文件只有默认的板形，并无布线区，因此用户如果要使用 Altium Designer 20 系统提供的自动布局和自动布线功能，就需要自己创建一个布线区。

创建布线区的操作步骤如下。

单击工作窗口下方的"Keep-out Layer"（禁止布线层）标签，使该层处于当前的工作窗口中。

单击菜单栏中的"放置"→"Keepout"（禁止布线）→"线径"命令，此时光标变成十字形状。移动光标到工作窗口，在禁止布线层上创建一个封闭的多边形。

完成布线区的设置后，右击或者按 Esc 键即可退出该操作。

布线区完毕后，进行自动布局操作时可将元件自动导入到该布线区中。自动布局的操作将在后面的章节中详细介绍。

6．参数设置

在"优选项"对话框中可以对一些与 PCB 编辑窗口相关的系统参数进行设置。设置后的系统参数将用于当前工程的设计环境，并且不会随 PCB 文件的改变而改变。

执行菜单栏中的"工具"→"优先选项"命令，系统将弹出如图 4-41 所示的"优选项"对话框，可以完成相关的功能及显示等设置。

4.1.4　PCB 网表

将绘制好的原理图网表导入 PCB 是一步非常重要的操作。Altium Designer 在图表的导入过程中无须生成中间文件，即可一步从原理图直接导入网表到 PCB 文件中。在导入网

图 4-41　"优选项"对话框

表之前,必须保证原理图中的每一个元器件所对应的封装库是完整无误的。

1. 从原理图导入网表

执行"设计"→"Import Changes From MCU. PrjPCB"命令(本部分以已有的原理图案例为基础),启动网表导入提示框。网表的导入更像是数据信息的更新,因此在 Altium Designer 设计中将其归为导入改变的操作,如图 4-42 所示。

通过该命令,Altium Designer 导入的网表不仅有封装库、网络,还有其他一些设置的参数属性,如网络线颜色、具体的规则等。

2. 更新网表到原理图

在设计 PCB 时,通常会附加地添加一些额外的配置或修改某些网络属性,这些内容可能并不是在原理图设计阶段就已经处理好的,因此可以利用更新方式将 PCB 中发生变化的一些内容更新到原理图中。

执行"设计"→"Update Schematics in XXX. PrjPCB"命令时,应当仔细校验,原理图是否明确更新相关部分,如果不需要,可忽略更新。

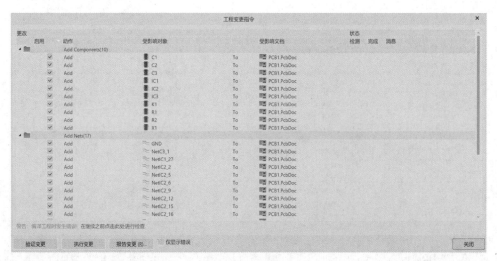

图 4-42　网表导入

4.2　PCB 规则

4.2.1　PCB 规则基本概念

PCB 规则就是对 PCB 设计中的约束,如果在设计过程中出现了违反规则的设计,则会出现相应的 DRC 错误提示。规则存在的,最大好处在于,可以利用 PCB 板厂的生产加工工艺准则约束 PCB 的设计,放置后续不必要的错误。例如,板厂的最小线宽要求为 6mil,则可以设置线宽规则最小为 6mil,一旦线的设计小于 6mil,则会报出相应的错误,从而使 PCB 设置能很好地满足后续 PCB 生产工艺的基本要求,最终生产出合格的 PCB。

目前,国内主流的 PCB 生产厂家对各个 PCB 生产环节中的加工工艺精度均有了较大的提升。目前主流 PCB 生产厂家的生产工艺精度如下,建议采用:

（1）最小加工工艺线宽:3/6mil;6mil 为主流生产工艺;

（2）最小钻孔工艺(包括过孔):内径 4/12mil,主流为 12mil;外径 8/20mil,20mil 为主流生产工艺;

（3）丝印:最小线宽 3～6mil,主流为 5mil;部分厂家可以达到 3mil。

其他如 PCB 主板铜厚、绿油颜色、喷漆颜色、是否支持沉金工艺等,则由 PCB 生产厂家的实际情况而定,建议在送厂加工之前,进行详细沟通。

设置规则的步骤:首先,打开"设计"→"规则"命令,弹出"PCB 规则及约束编辑器"对话框,如图 4-43 所示。

在 Altium Designer PCB 设计模式下,支持规则的自定义编辑。在图 4-43 中,左侧树状列表为规则的分类,右侧则为规则的具体项内容。选中树状列表的一项之后,右侧的列表菜单则会列出当前归类下的所有规则。

在 Altium Designer 下的规则,其按照不同的分类管理 PCB 约束,所有的规则均属于根部"Design Rules"。在相同类型下,允许存在多条相同规则,所设置的规则是否生效,是由其当前所属类型下具体规则的优先级决定的,优先级数值越小,则等级越高。

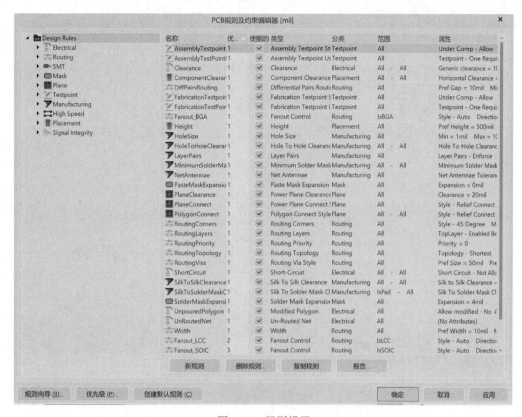

图 4-43　规则设置

从左侧列表的属性栏还可以知道当前属性所属的类型、分类、作用范围等,用于快速明确当前规则的实际作用。

Altium Designer 下的规则分类众多,但并不是所有的规则都必须设置才能使用,相反,只需要设置极少数的规则就可以很好地满足 PCB 的生产加工工艺了。下面将详细介绍这些重要的规则。

4.2.2　Electrical(电气属性)规则

该规则包括：Clearance(安全距离)；Short-Circuit(短路距离)；Un-Routed Net(未布线网络)；Un-Connected Pin(未连接引脚)；Modified Polygon(修改覆铜)。

1. Clearance(安全距离)规则

用于约束在 PCB 图纸中对象与对象之间的间距关系,例如网络与网络之间的间距、网络与 SMD Pad 之间的间距。该规则为重要规则,建议在默认情况下统一设置间距为 6mil,如图 4-44 所示。

间距规则除了可以统一设置为相同的规则以外,还可以设置具体对象与对象之间的间距,如图 4-45 所示,例如将 Track(走线)与 Via(过孔)的安全距离设置为 10mil。

2. Short-Circuit(短路)规则

在任何的 PCB 工程中,均不允许在不同的网络出现短路现象。因此在默认规则中不允许出现短路现象。建议采用默认规则,如图 4-46 所示。

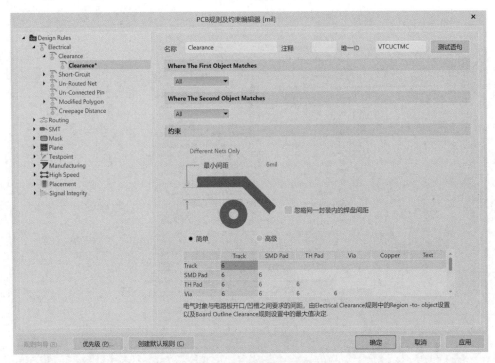

图 4-44　安全距离设置

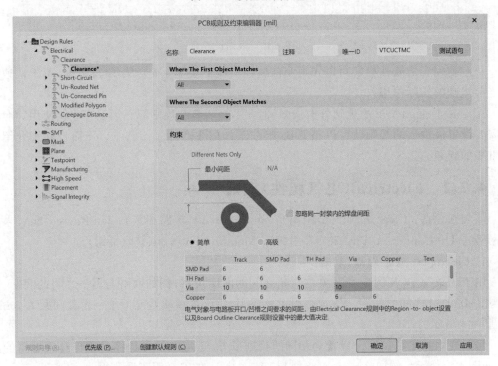

图 4-45　特殊安全距离设置

3. Un-Routed Net(未布线网络)规则

该规则和 Un-Connected Pin 规则均可以设置为断路错误,在 PCB 设计中不允许在同一网络出现不连通状态,因此该规则建议采用默认规则。

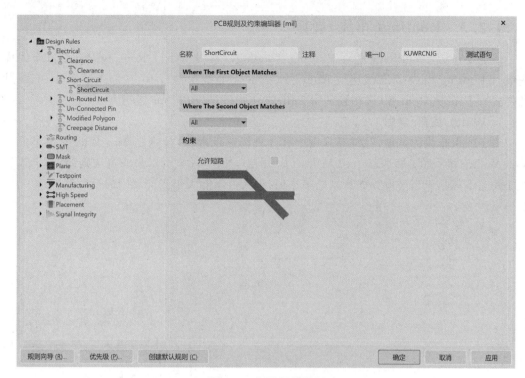

图 4-46　短路规则设置

4. Modified Polygon(修改覆铜)规则

这个规则在 PCB 设计规则约束中属于不重要的规则,如果规则被设置为"允许修改",则可以在覆铜的时候不被判为 DRC 错误,如图 4-47 所示。

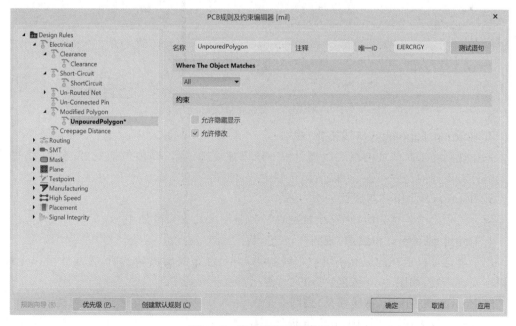

图 4-47　修改覆铜规则设置

4.2.3　Routing(布线)规则

该规则包括：Width(线宽)；Routing Topology(布线拓扑)；Routing Priority(布线优先级)；Routing Layers(布线层)；Routing Corners(布线拐角)；Routing Via Style(布线过孔样式)；Fanout Control(扇出控制)；Differential Pairs Routing(差分对)。

1. Width(线宽)规则

用于约束布线的宽度,在线宽规则中有 3 种线宽设置值,分别是 Min Width(最小值)、Max Width(最大值)和 Preferred Width(优先值),如图 4-48 所示。线宽规则约定,走线的最小线宽不能小于当前设置的规则的最小值,最大值不能大于当前规则的最大值。

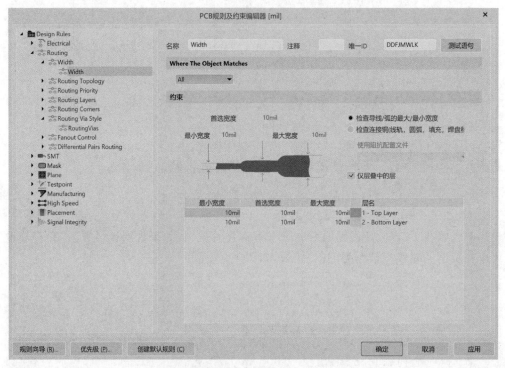

图 4-48　线宽规则设置

2. Routing Topology(布线拓扑)规则

拓扑规则为未布线的网络飞线提供了一种拓扑规则约束,其中包括最短、水平、垂直等方式。针对不同的拓扑飞线,可以借助强导走线,如图 4-49 所示。

3. Routing Priority(布线优先级)规则

用于约束走线的优先级,但这个规则在实际应用中几乎很少使用。

4. Routing Layers(布线层)规则

用于规定可以走线的层和不可以走线的层,当允许布线层被勾选时,该层才可以走线,否则不允许走线,如图 4-50 所示。

5. Routing Corners(布线拐角)规则

该规则建议采用默认规则,在实际设计中应用较少。

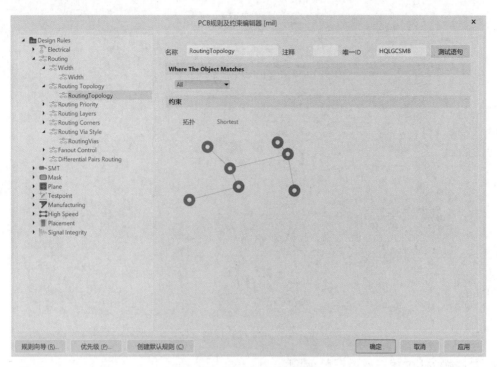

图 4-49 布线拓扑规则设置

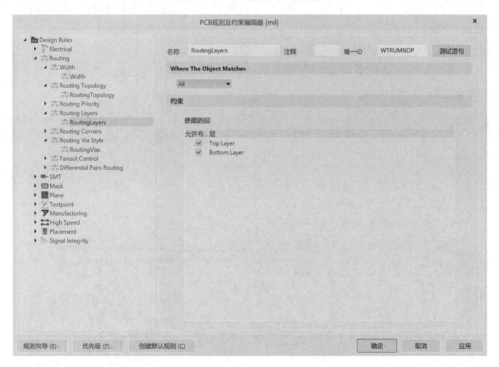

图 4-50 布线层规则设置

6. Routing Via Style（布线过孔样式）规则

该规则为重点规则，用于对过孔进行约束，如图 4-51 所示。根据上文的规则简介，建议将通用过孔规则设置为内径 12mil，外径 20mil。

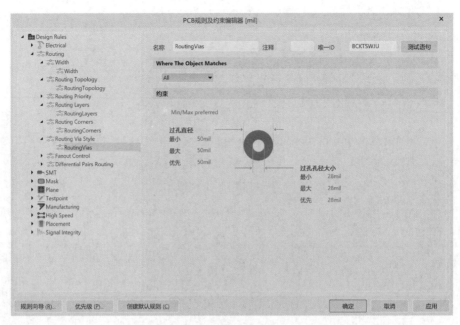

图 4-51　布线过孔规则设置

7. Fanout Control（扇出控制）规则

在很多复杂的工程中，例如带有 BGA 芯片的 PCB 主板，扇出功能应用得较多，但建议使用默认规则进行约束。

8. Differential Pairs Routing（差分对）规则

差分对的规则需要根据具体的信号来进行设置，差分对的参数包括线宽和间距参数等，如图 4-52 所示。

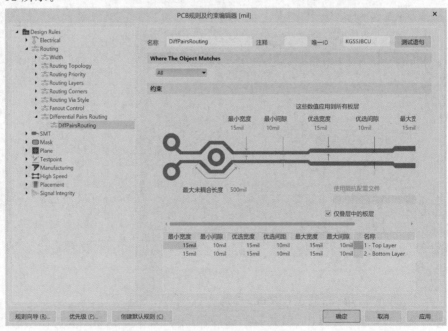

图 4-52　差分对规则设置

4.2.4　Plane(平面层)规则

该规则包括：Power Plane Connect Style(电源层连接样式)；Power Plane Clearance(电源层间距)；Polygon Connect Style(覆铜连接样式)。

1．Power Plane Connect Style(电源层连接样式)规则

该规则用于约束内电层的过孔连接方案,支持采用 Relief Connect(热风焊盘类型)、Direct Connect(直连类型)和 No Connect(不连类型)。针对内电层的连接方式,采用 Direct Connect(直连类型)方式,该方式可以有效地增加电源通透性。对于过孔等方式,并不需要进行焊接操作,因此热风焊盘的方式使用较少,如图 4-53 所示。具体的内电层显示效果,请参考下文。

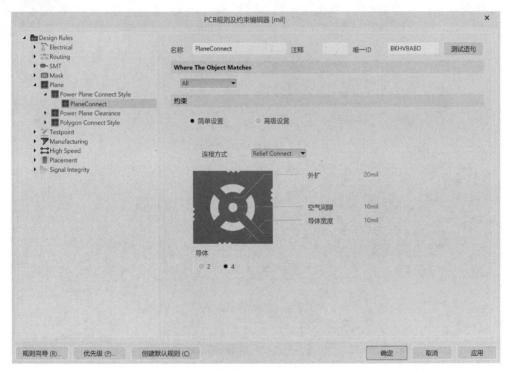

图 4-53　电源层连接样式规则设置

2．Power Plane Clearance(电源层间距)规则

该规则在多层板中才能用到,对存在内电层的 PCB 而言,过孔到其内部负片层的间距由这个规则进行约束,如图 4-54 所示。建议采用最小线宽的加工工艺,将间距设置为 6mil。

3．Polygon Connect Style(覆铜连接样式)规则

该规则用于在覆铜操作过程中,对覆盖相同网络的情况下不同的连接对象的连接方式进行约束。在 Altium Designer 20 中支持采用高级规则来一次性设置规则约束,从而避免了创建多个约束条件来约束覆铜,如图 4-55 所示。建议过孔和插件连接方式采用直连方式,SMT 焊盘类型则采用热风焊盘类型。具体的覆铜效果,请参考下文。

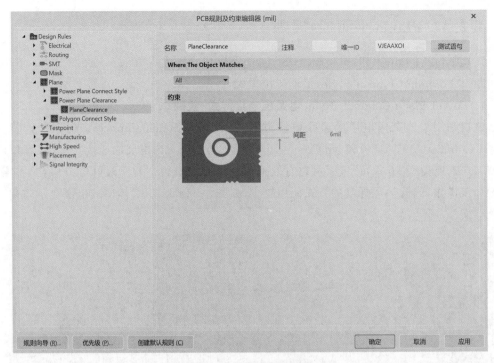

图 4-54   电源层间距规则设置

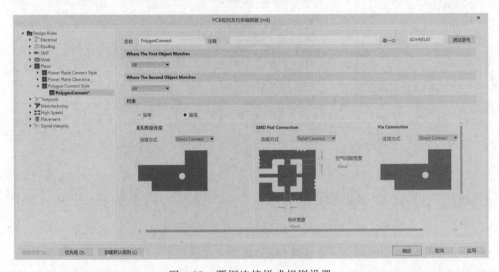

图 4-55   覆铜连接样式规则设置

4.2.5   Manufacturing(机械装配)规则

在该规则下,可以看到很多与装配方面有关的规则约束,但在实际 PCB 设计和生产过程中,该规则一般对 PCB 厂的加工工艺要求不高。PCB 厂在生产时,如果无法满足相关装配规则,则将会被主动忽略。即使该规则出现相关问题时,也几乎不会影响到 PCB 的电气属性,故在做 DRC 检查处理时,往往忽略这项检查规则。下面介绍几个在实际应用中需要设置的规则。

1. Hole Size（过孔大小）规则

很多时候工程师喜欢使用过孔作为机械安装孔，当所设计的安装孔不在规定的规则范围内时，则会报错。建议适当放大过孔尺寸，以此满足设计需求，如图 4-56 所示。

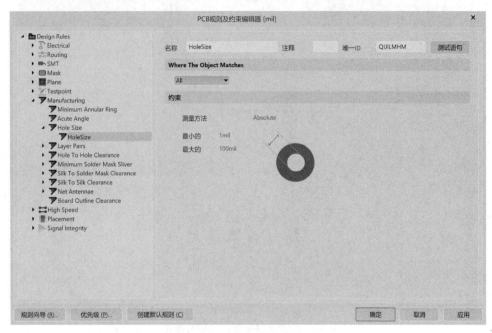

图 4-56　过孔大小规则设置

2. Minimum Solder Mask Sliver（最小阻焊层间距）规则

阻焊层的规则建议采用最小 4mil 方案，但即使出现 DRC 错误，一般该规则也会选择忽略相关错误，如图 4-57 所示。

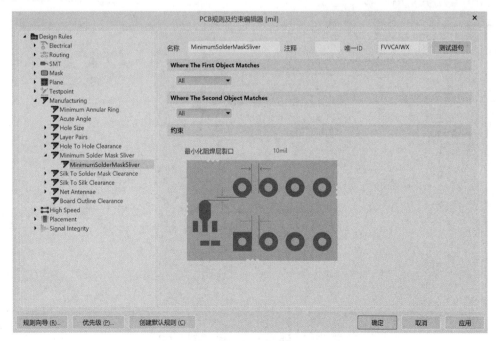

图 4-57　最小阻焊层间距规则设置

3. Silk To Solder Mask Clearance(丝印到阻焊的间距)

将该规则设置为 0 时可以默认忽略该规则,如图 4-58 所示。

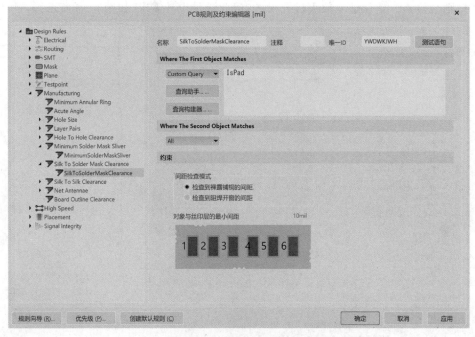

图 4-58　丝印到阻焊层的间距规则设置

4. Silk To Silk Clearance(丝印到丝印间距)规则

有时为了防止在印制丝印时导致丝印与丝印重叠,从而影响实际的生产加工,所以会约束相关丝印的间距,但因为丝印本身属于非重要的属性,建议设置为 0,以此来规避 DRC 检查,如图 4-59 所示。

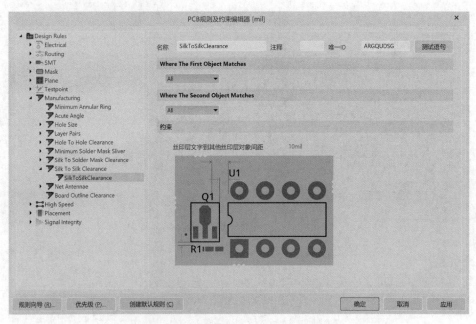

图 4-59　丝印到丝印的间距规则设置

4.2.6 其他规则

除上述介绍的规则外,还有放置类的规则,如 Component Clearance(元器件间距)规则,如图 4-60 所示,也是工程中比较常用的规则之一。其他的诸如高速规则、信号完整性规则等也比较常用,这里就不再介绍。

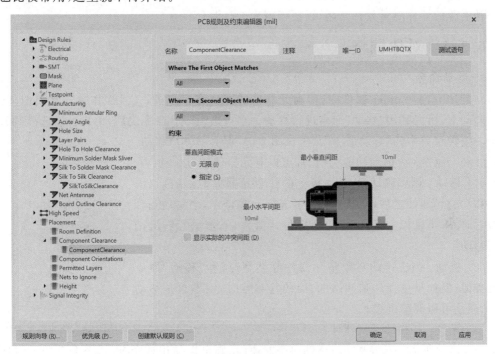

图 4-60 器件高度重叠规则设置

4.3 布局

导入网表后就需要对元器件进行布局,通常称为 PCB Layout,布局的原则通常为:

(1)遵照"先大后小,先难后易"的布置原则,即重要的单元电路、核心元器件应当优先布局。

(2)布局中应参考原理框图,根据单板的主信号流向规律安排主要元器件。布局应尽量满足以下要求:总的连线尽可能短,关键信号线最短;去耦电容的布局要尽量靠近 IC 的电源引脚,并使之与电源和地之间形成的回路最短;减少信号跑的冤枉路,防止在路上出意外。

(3)元器件的排列要便于调试和维修,亦即小元件周围不能放置大元件、需调试的元器件周围要有足够的空间。

(4)相同结构电路部分尽可能采用"对称式"标准布局;按照均匀分布、重心平衡、版面美观的标准优化布局。

(5)同类型插装元器件在 X 或 Y 方向上应朝一个方向放置。同一种类型的有极性分立元件也要力争在 X 或 Y 方向上保持一致,便于生产和检验。

（6）发热元件要一般应均匀分布，以利于单板和整机的散热，除温度检测元件以外的温度敏感器件应远离发热量大的元器件。除了温度传感器，三极管也属于对热敏感的器件。

（7）高电压、大电流信号与小电流，低电压的弱信号完全分开；模拟信号与数字信号分开；高频信号与低频信号分开；高频元器件的间隔要充分。元件布局时，应适当考虑使用同一种电源的器件尽量放在一起，以便于将来的电源分隔。

4.3.1 对象调整

1. 移动命令

在 Altium Designer 软件中，移动元器件的方法有很多种，并且操作也非常类似，在上文的基础上，可以利用"移动"命令进行移动。当单击"移动"命令之后，出现可以选择对象的状态。编辑菜单中的"移动命令"菜单如图 4-61 所示，其中"移动""拖动"和"元件"3 个命令功能类似，都可以对元器件进行移动。

（1）移动：可以移动 PCB 主板上的任意元器件，当鼠标选中需要移动的元器件之后，元器件可以随光标一起悬浮，当移动到合适位置时，单击鼠标左键，可以重新定位元器件，单击鼠标右键则取消移动。

（2）拖动：当选择的对象是元器件等类型时，和"移动"命令功能类似，但如果选择的是网络线、面线等对象时，则不再是移动对象，而是可以调整走线。

（3）元件：特指移动元器件。

图 4-61 移动命令菜单

（4）移动所选：当需要同时移动多个对象时，则可以使用该命令，这个命令和单纯地移动一个对象有所区别，这里将会把所有所选对象一起移动，非常类似下文所述的对象"联合"。

（5）X/Y 方向移动所选：当选择好需要移动的对象时才能激活该命令。这里的移动，是根据输入的 X 和 Y 方向的值，相对于元器件原本的位置移动一定的距离，当输入负值时，表示向 X 或 Y 方向的负方向移动，如图 4-62 所示。

（6）旋转所选：当选择一个对象时，单击旋转命令，会弹出一个旋转角度命令框，输入需要选择的角度，正值为顺时针旋转，负值为逆时针旋转。单击"确定"之后，需要单击鼠标左键，确认旋转的中心点，当中心点确定后，对象发生旋转，如图 4-63 所示。

图 4-62 偏移量设置

图 4-63 旋转角度设置

（7）翻转所选：翻转所选，选中一个元器件，单击该命令，元器件可以被翻转到底层。利用快捷键 L 翻转，当元器件被鼠标拖动并处于悬挂状态时，按下 L 键，即可完成翻转操作。

4.3.2　坐标系

目前主流的坐标系有两种：笛卡儿坐标系（直角坐标系）；极坐标系。它们的坐标描述方式不同，前者是采用 X 和 Y 方向定位，后者是根据旋转角度与距离定位。合理地选择坐标系，将会对 PCB 布局起到事半功倍的作用。

1. 坐标系的创建

将 Properties 面板切换到 PCB 编辑框状态，此时其对应的编辑属性是指当前的 PCB 图纸，并不特指任何一个其他对象。展开 Grid Manager，在默认情况下，里面已经带有一个笛卡儿坐标系，并且优先级为50。坐标系的优先级数值越小，该优先等级越高。

单击"Add"按钮，添加一个极坐标系（Polar Grid），此时在 PCB 文档中将出现一个极坐标系，如图 4-64 所示。极坐标系的原点与 PCB 文档的坐标原点重合。

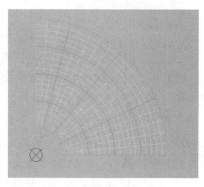

图 4-64　极坐标系

2. 坐标系的属性修改

可以通过双击坐标系的名称出现"属性编辑"菜单，如图 4-65 所示，同时也可以修改坐标系的单位、步进值、原点等。

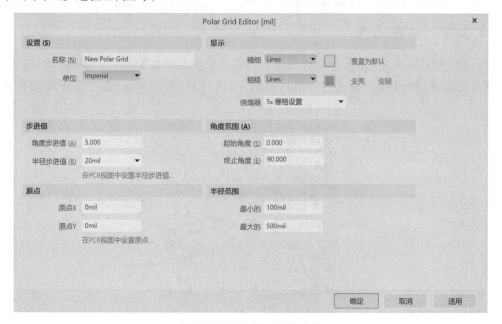

图 4-65　极坐标系属性编辑

3. 修改坐标原点

在对 PCB 进行布局时，往往需要定位坐标原点来进行辅助操作。Altium Designer 坐标原点的设置更加方便：执行"编辑"→"原点"→"设置"命令，弹出绿色十字形，选中任意点即可以对坐标原点位置进行重新设置。

4.3.3 元器件摆放

在 PCB 的布局中,元器件的数量往往众多,当 PCB 主板容量较大时,需要以批操作方式对元器件进行布局。

图 4-66 元器件摆放子菜单

选择"工具"→"器件摆放"命令,弹出子菜单如图 4-66 所示。

(1) 按照 Room 排列:当导入网表,并引入相关图纸的 Room 时,可以采用这种方式根据 Room 来快速摆放元器件,相同 Room 下的元器件将会摆放在一起,但通常不建议使用这个命令。

(2) 在矩形区域排列:该命令是实际应用得最多的批量摆放命令,这个命令可以将被选中的元器件,按照矩形区域进行快速摆放。操作过程:选中需要摆放的元器件,可以是一个或者多个;单击该命令,拖动光标可以画矩形;在 PCB 文档区域的合理地方,画一个矩形,此时所选中的元器件将会被均匀地摆放在矩形区域内。

(3) 交换器件:在 PCB 布局时,往往会出现两个元器件位置需要互换的情况,如果手动地移动一个元器件到另外一个元器件的位置,操作比较烦琐。对于这种情况,就可以使用这个命令进行快速操作。操作过程:先选中需要互调的两个元器件;单击该命令,即可进行互调。

(4) 其他相关命令:关于其他相关命令,在实际应用中使用较少,本书不进行介绍。

4.3.4 对齐命令

很多时候需要优化布局,利用对齐命令可以达到优化的效果,执行"编辑"→"对齐"命令,弹出子菜单,如图 4-67 所示。需要注意的是,执行对齐命令时一定要选择多个被执行对象。

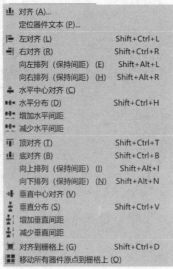

图 4-67 对齐命令子菜单

4.4 布线

在完成电路板的布局工作以后就可以开始布线操作。在 PCB 的设计中,布线是完成产品设计的重要步骤,其要求最高、技术最细、工作量最大。PCB 布线的首要任务就是在 PCB 上布通所有的导线,建立电路所需的所有电气连接,在能够完成所有布线的前提下,还应达到如下要求。

(1) 走线长度尽量短而直,以保证电气信号的完整性。

(2) 走线中尽量少使用过孔。

(3) 走线的宽度要尽量宽。

(4) 输入、输出端的边线应避免相邻平行,以免产生反射干扰,必要时应该加地线隔离。

(5) 相邻电路板工作层之间的布线要互相垂直,平行则容易产生耦合。

4.4.1 电路板自动布线

对于散热、电磁干扰及高频特性等要求较低的大型电路设计,采用自动布线操作可以大大降低布线的工作量,同时还能减少布线时所产生的遗漏。如果自动布线不能够满足实际工程设计的要求,可以通过手动布线进行调整。在进行自动布线之前,用户首先应对自动布线规则进行详细的设置,Altium Designer 20 在 PCB 电路板编辑器中为用户提供了 10 大类 49 种设计规则,自动布线的规则可以参看本章 4.2 节内容,通常情况下都采取默认选项设置。

1. 设置 PCB 自动布线的策略

(1) 单击菜单栏中的"布线"→"自动布线"→"设置"命令,系统将弹出如图 4-68 所示的 "Situs 布线策略"对话框,可以设置自动布线策略。布线策略包括如探索式布线、迷宫式布线、推挤式拓扑布线等。其中,自动布线的布通率依赖于良好的布局。

对话框中列出了默认的 5 种自动布线策略,功能分别如下。对默认的布线策略不允许进行编辑和删除操作。

- Cleanup(清除):用于清除策略。
- Default 2 Layer Board(默认双面板):用于默认的双面板布线策略。
- Default 2 Layer With Edge Connectors(默认具有边缘连接器的双面板):用于默认的具有边缘连接器的双面板布线策略。
- Default Multi Layer Board(默认多层板):用于默认的多层板布线策略。
- General Orthogonal(通用正交板):用于默认的通用的正交板布线策略。
- Via Miser(少用过孔):用于在多层板中尽量减少使用过孔策略。

勾选"锁定已有布线"复选框后,所有先前的布线将被锁定,重新自动布线时将不改变这部分的布线。

(2) 单击"添加"按钮,系统将弹出如图 4-69 所示的"Situs 策略编辑器"对话框。在该对话框中可以添加新的布线策略。

在"策略名称"文本框中填写添加的新建布线策略的名称,在"策略描述"文本框中填写对该布线策略的描述。可以通过拖动文本框下面的滑块来改变此布线策略允许的过孔数目。过孔数目越多自动布线越快。

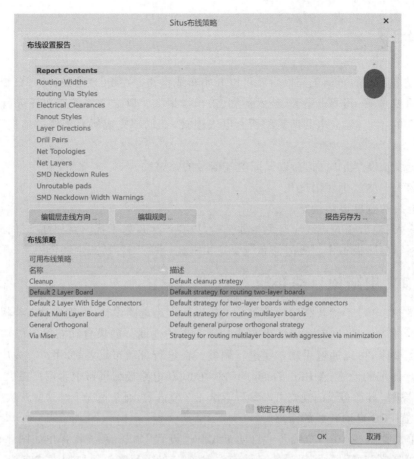

图 4-68 "Situs 布线策略"对话框

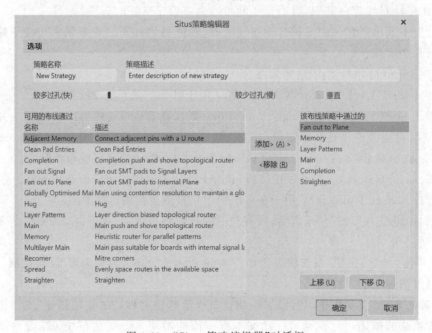

图 4-69 "Situs 策略编辑器"对话框

选择左边的 PCB 布线策略列表框中的选项,然后单击"添加"按钮,此布线策略将被添加到右侧当前的 PCB 布线策略列表框中,作为新创建的布线策略中的一项。如果想要删除右侧列表框中的某一项,则选择该项后单击"移除"按钮即可删除。单击"上移"按钮或"下移"按钮可以改变各个布线策略的优先级,位于最上方的布线策略优先级最高。

Altium Designer 20 布线策略列表框中主要有以下几种布线方式。

- "Adjacent Memory"(相邻的存储器)布线方式:U 形走线的布线方式。采用这种布线方式时,自动布线器对同一网络中相邻的元件引脚采用 U 形走线方式。
- "Clean Pad Entries"(清除焊盘走线)布线方式:清除焊盘冗余走线。采用这种布线方式可以优化 PCB 的自动布线,清除焊盘上多余的走线。
- "Completion"(完成)布线方式:竞争的推挤式拓扑布线。采用这种布线方式时,布线器对布线进行推挤操作,以避开不在同一网络中的过孔和焊盘。
- "Fan Out Signal"(扇出信号)布线方式:表面安装元件的焊盘采用扇出形式连接到信号层。当表面安装元件的焊盘布线跨越不同的工作层时,采用这种布线方式可以先从该焊盘引出一段导线,然后通过过孔与其他的工作层连接。
- "Fan Out to Plane"(扇出平面)布线方式:表面安装元件的焊盘采用扇出形式连接到电源层和接地网络中。
- "Globally Optimised Main"(全局最优化)布线方式:全局最优化拓扑布线方式。
- "Hug"(环绕)布线方式:采用这种布线方式时,自动布线器将采取环绕的布线方式。
- "Layer Patterns"(层样式)布线方式:采用这种布线方式将决定同一工作层中的布线是否采用布线拓扑结构进行自动布线。
- "Main"(主要的)布线方式:主推挤式拓扑驱动布线。采用这种布线方式时,自动布线器对布线进行推挤操作,以避开不在同一网络中的过孔和焊盘。
- "Memory"(存储器)布线方式:启发式并行模式布线。采用这种布线方式将对存储器元件上的走线方式进行最佳的评估。对地址线和数据线一般采用有规律的并行走线方式。
- "Multilayer Main"(主要的多层)布线方式:多层板拓扑驱动布线方式。
- "Recorner"(拐角布线)布线方式:拐角布线方式。
- "Spread"(伸展)布线方式:采用这种布线方式时,自动布线器自动使位于两个焊点之间的走线处于正中间的位置。
- "Straighten"(伸直)布线方式:采用这种布线方式时,自动布线器在布线时将尽量走直线。

单击"Situs 布线策略"对话框中的"编辑规则"按钮,对布线规则进行设置。布线策略设置完毕后单击"确定"按钮。

4.4.2　电路板自动布线操作

布线规则和布线策略设置完毕后,用户即可进行自动布线操作。自动布线操作主要是通过"自动布线"菜单进行的。用户不仅可以进行整体布局,也可以对指定的区域、网络及元件进行单独的布线。

1."全部"命令

该命令用于为全局自动布线,单击菜单栏中的"布线"→"自动布线"→"全部"命令,系统将弹出"Situs 布线策略(位置布线策略)"对话框。在该对话框中可以设置自动布线策略。

选择一项布线策略,然后单击"Route All"(布线所有)按钮即可进入自动布线状态。这里选择系统默认的"Default 2 Layer Board"(默认双面板)策略。布线过程中将自动弹出"Messages(信息)"面板,提供自动布线的状态信息。

当器件排列比较密集或者布线规则设置过于严格时,自动布线可能不会完全不通。即使完全不通的 PCB 仍会有部分网络走线不合理,如绕线过多、走线过长等,此时就需要进行手动调整了。

2."网络"命令

该命令用于为指定的网络自动布线,在规则设置中对该网络布线的线宽进行合理的设置。单击菜单栏中的"布线"→"自动布线"→"网络"命令,此时光标将变成十字形状。移动光标到该网络上的任何一个电气连接点(飞线或焊盘处),此时系统将自动对该网络进行布线。光标仍处于布线状态,可以继续对其他的网络进行布线。右击鼠标或者按 Esc 键即可退出该操作。

3."网络类"命令

该命令用于为指定的网络类自动布线,"网络类"是多个网络的集合,可以在"对象类浏览器"对话框中对其进行编辑管理。单击菜单栏中的"设计"→"类"命令,系统将弹出如图 4-70 所示的"对象类浏览器"对话框。

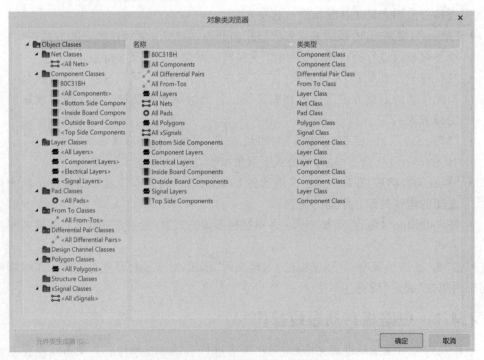

图 4-70 "对象类浏览器"对话框

系统默认存在的网络类为"所有网络",不能进行编辑修改。用户可以自行定义新的网络类,将不同的相关网络加入到某个定义好的网络类中。

单击菜单栏中的"布线"→"自动布线"→"网络类"命令后,如果当前文件中没有自定义的网络类,系统会弹出提示框提示未找到网络类,否则系统会弹出"Choose Objects Class"(选择对象类)对话框,列出当前文件中具有的网络类。在列表中选择要布线的网络类,系统即将该网络类内的所有网络自动布线。

在自动布线过程中,所有布线器的信息和布线状态结果会在"Messages"(信息)面板中显示出来。或者按 Esc 键即可退出该操作。

4."连接"命令

该命令用于为两个存在电气连接的焊盘进行自动布线。

如果对该段布线有特殊的线宽要求,则应该先在布线规则中对该段线宽进行设置。单击菜单栏中的"布线"→"自动布线"→"连接"命令,此时光标将变成十字形状。移动光标到工作窗口,单击某两点之间的飞线或单击其中的某个焊盘。然后选择两点之间的连接,此时系统将自动在该两点之间布线。此时,光标仍处于布线状态,可以继续对其他的连接进行布线。右击鼠标或者按 Esc 键即可退出该操作。

5."区域"命令

该命令用于为完整包含在选定区域内的连接自动布线。

单击菜单栏中的"布线"→"自动布线"→"区域"命令,此时光标将变成十字形状。

在工作窗口中心单击确定矩形布线区域的一个顶点,然后移动光标到合适的位置,此位置确定该矩形区域的对角顶点。此时,系统将自动对该矩形区域进行布线。此时,光标仍处于放置矩形状态,可以继续对其他区域进行布线。或者按 Esc 键即可退出该操作。

6."Room"(空间)命令

该命令用于为指定 Room 类型的空间内的连接自动布线。

该命令只适用于完全位于 Room 空间内部的连接,即 Room 边界线以内的连接,不包括压在边界线上的部分。单击该命令后,光标变为十字形状,在 PCB 工作窗口中单击选取 Room 空间即可。

7."元件"命令

该命令用于为指定元件的所有连接自动布线。

单击菜单栏中的"布线"→"自动布线"→"元件"命令,此时光标将变成十字形状。移动光标到工作窗口,单击某一个元件的焊盘,所有从选定元件的焊盘引出的连接都被自动布线。此时,光标仍处于布线状态,可以继续对其他元件进行布线。鼠标右击或者按 Esc 键即可退出该操作。

8."器件类"命令

该命令用于为指定器件内所有元件的连接自动布线。

"器件类"是多个元件的集合,可以在"对象类训览器"对话框中对其进行编辑管理。单击菜单栏中的"设计"→"类"命令,系统将弹出该对话框。系统默认存在的元件类为"All Components"(所有元件),不能进行编辑修改。用户可以使用元件类生成器自行建立元件类。另外,在放置 Room 空间时,包含在其中的元件也自动生成元件类。单击菜单栏中的"布线"→"自动布线"→"器件类"命令后,系统将弹出"Select Objects Class"(选择对象类)对话框。在该对话框中包含当前文件中的元件类别列表。在列表中选择要布线的元件类,系统即将该元件类内所有元件的连接自动布线。鼠标右击或者按 Esc 键即可退出该操作。

9. "选中对象的连接"命令

该命令用于为所选元件的所有连接自动布线。单击该命令之前,要先选中欲布线的元件。

10. "选择对象之间的连接"命令

该命令用于为所选元件之间的连接自动布线。单击该命令之前,要先选中欲布线元件。

4.4.3 "扇出"命令

在 PCB 编辑器中,单击菜单栏中的"布线"→"扇出"命令,弹出的子菜单如图 4-71 所示。采用扇出布线方式可将焊盘连接到其他的网络中,其中各命令的功能分别介绍如下。

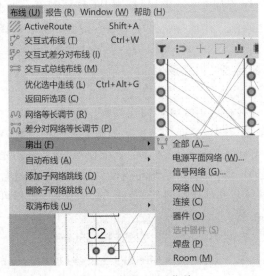

图 4-71 "扇出"子菜单

全部:用于对当前 PCB 设计内所有连接到中间电源层或信号层网络的表面安装元件执行扇出操作。

电源平面网络:用于对当前 PCB 设计内所有连接到电源层网络的表面安装元件执行扇出操作。

信号网络:用于对当前 PCB 设计内所有连接到信号层网络的表面安装元件执行扇出操作。

网络:用于为指定网络内的所有表面安装元件的焊盘执行扇出操作。单击该命令后,用十字光标点取指定网络内的焊盘,或者在空白处单击,在弹出的"扇出选项"对话框中输入网络标号,系统即可自动为选定网络内的所有表面安装元件的焊盘执行扇出操作。

连接:用于为指定连接内的两个表面安装元件的焊盘执行扇出操作。单击该命令后,用十字光标点取指定连接内的焊盘或者飞线,系统即可自动为选定连接内的表贴焊盘执行扇出操作。

器件:用于为选定的表面安装元件执行扇出操作。单击该命令后,用十字光标点取特定的表贴元件,系统即可自动为选定元件的焊盘执行扇出操作。

选中器件:单击该命令前,先选中要执行"扇出"命令的元件。单击该命令后,系统自动为选定的元件执行扇出操作。

焊点：用于为指定的焊盘执行扇出操作。

Room(空间)：用于为指定的 Room 类型空间内的所有表面安装元件执行扇出操作。单击该命令后,用十字光标点取指定的 Room 空间,系统即可自动为空间内的所有表面安装元件执行扇出操作。

4.4.4　电路板的手动布线

自动布线会出现一些不合理的布线情况,如有较多的绕线、走线不美观等。此时可以通过手动布线进行修正,对于元件网络较少的 PCB 也可以完全采用手动布线。下面简单介绍手动布线的一些技巧。

对于手动布线,要靠用户自己规划元件布局和走线路径,而网格是用户在空间和尺寸度量过程中的重要依据。因此,合理设置栅格,会更加方便设计者规划布局和放置导线。用户在设计的不同阶段可根据需要随时调整栅格的大小。例如,在元件布局阶段,可将捕捉栅格设置得大一点,如 20mil；而在布线阶段捕捉栅格要设置得小一点,如 5mil 甚至更小,尤其是在走线密集的区域,视图栅格和捕捉栅格都应该设置得小一些,以方便观察和走线。

手动布线的规则设置与自动布线前的规则设置基本相同,参考前面章节的介绍即可,这里不再赘述。

1. 取消布线

在工作窗口中选中导线后,按 Del 键即可删除导线,完成拆除布线的操作。但是这样的操作只能逐段地拆除布线,工作量比较大。可以通过"布线"菜单下"取消布线"子菜单中的命令快速拆除布线,各命令的功能和用法分别介绍如下。

(1)"全部"命令：用于拆除 PCB 上的所有导线。单击菜单栏中的"布线"→"取消布线"→"全部"命令,即取消所有布线。

(2)"网络"命令：用于拆除某个网络上的所有导线。

单击菜单栏中的"布线"→"取消布线"→"网络"命令,此时光标将变成十字形状。移动光标到某根导线上并单击,该导线所属网络的所有导线将被删除,这样就完成了对某个网络中的拆线操作。此时,光标仍处于拆除布线状态,可以继续拆除其他网络上的布线。鼠标右击或者按 Esc 键即可退出该操作。

(3)"连接"命令：用于拆除某个连接上的导线。

单击菜单栏中的"布线"→"取消布线"→"连接"命令,此时光标将变成十字形状。移动光标到某根导线上并单击,该导线建立的连接将被删除,这样就完成了对该连接的拆除布线操作。此时,光标仍处于拆除布线状态,可以继续拆除其他连接上的布线。鼠标右击或者按 Esc 键即可退出该操作。

(4)"器件"命令：用于拆除某个元件上的导线。

单击菜单栏中的"布线"→"取消布线"→"器件"命令,此时光标将变成十字形状。移动光标到某个元件上并单击,该元件所有引脚所在网络的所有导线将被删除,这样就完成了对该元件的拆除布线操作。此时,光标仍处于拆除布线状态,可以继续拆除其他元件上的布线。鼠标右击或者按 Esc 键即可退出该操作。

(5)"Room(空间)"命令：用于拆除某个 Room 区域内的导线。

2. 手动布线

（1）手动布线的步骤。

手动布线也将遵循自动布线时设置的规则，其操作步骤如下。单击菜单栏中的"放置"→"走线"命令，此时光标将变成十字形状。

移动光标到元件的一个焊盘上，单击选择布线的起点。手动布线模式主要有任意角度、90°拐角、90°弧形拐角、45°拐角和45°弧形拐角5种。按快捷<Shift＋Space>键即可在5种模式间切换，按Space键可以在每种模式的开始和结束两种状态间切换。多次单击确定多个不同的控点，完成两个焊盘之间的布线。

（2）手动布线中层的切换。

在进行交互式布线时，按＊键可以在不同的信号层之间切换，这样可以完成不同层之间的走线。在不同的层之间走线时，系统将自动为其添加一个过孔。不同层间的走线颜色是不相同的，可以在"视图配置"对话框中进行设置。

4.4.5　添加安装孔

电路板布线完成之后，就可以开始着手添加安装孔。安装孔通常采用过孔形式，并和接地网络连接，以便于后期的调试工作。

添加安装孔的操作步骤如下。

单击菜单栏中的"放置"→"过孔"命令，或者单击"布线"工具栏中的"放置过孔"按钮，或按快捷键<P＋V>，此时光标将变成十字形状，并带有一个过孔图形。

按Tab键，系统将弹出"Properties"（属性）面板。

（1）"Diameter"（过孔外径）选项：这里将过孔作为安装孔使用，因此过孔内径比较大，设置为100mil。

（2）"Location"（过孔的位置）选项：这里的过孔外径设置为150mil。

（3）"Properties"（过孔的属性设置）选项：这里的过孔作为安装孔使用，过孔的位置将根据需要确定。通常，安装孔放置在电路板的4个角上。

设置完按Enter键，即可放置一个过孔。此时，光标仍处于放置过孔状态，可以继续放置其他的过孔。右击或者按Esc键即可退出该操作。图4-72为安置好四个安装孔的电路板。

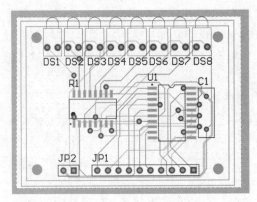

图 4-72　放置四个安装孔

4.4.6　覆铜

覆铜由一系列的导线组成,可以完成电路板内不规则区域的填充。在绘制 PCB 图时,覆铜主要是指把空余没有走线的部分用导线全部铺满。用铜箔铺满部分区域和电路的一个网络相连,多数情况是和 GND 网络相连。单面电路板覆铜可以提高电路的抗干扰能力,经过覆铜处理后制作的印制板会显得十分美观,同时,通过大电流的导电通路也可以采用覆铜的方法来加大过电流的能力。通常覆铜的安全间距应该在一般导线安全间距的 2 倍以上。

单击菜单栏中的“放置”→“覆铜”命令后,光标呈十字形状,按 Tab 键,系统弹出“Properties”面板,如图 4-73 所示,各选项功能如下。

(1)“Properties”(属性)选项组。

“Layer”(层)下拉列表框:用于设定覆铜所属的工作层。

(2)“Fill Mode”(填充模式)选项组。

该选项组用于选择覆铜的填充模式,包括 3 个选项:Solid(Copper Regions),即覆铜区域内为全铜敷设;Hatched(Tracks/Arcs),即向覆铜区域内填入网络状的覆铜:None(Outlines Only),即只保留覆铜边界,内部无填充。

在面板的中间区域内可以设置覆铜的具体参数,针对不同的填充模式,有不同的设置参数选项。

(1)“Solid(Copper Regions)”(实体)选项:用于设置删除孤立区域履铜的面积限制值,以及删除凹槽的宽度限制值。需要注意的是,当用该方式履铜后,在 Protel 99SE 软件中不能显示,但可以用 Hatched (Tracks Arcs)(网络状)方式覆铜。

(2)“Hatched(Tracks/Ares)”(网络状)选项:用于设置栅格线的宽度、网络的大小、围绕焊盘的形状及栅格的类型。

(3)“None(Outlines Only)”(无)选项:用于设置覆铜边界导线宽度及围绕焊盘的形状等。

(4)“Don't Pour Over Same Net Objects”(填充不超过相同的网络对象)选项:用于设置覆铜的内部填充不与同网络的图元及覆铜边界相连。

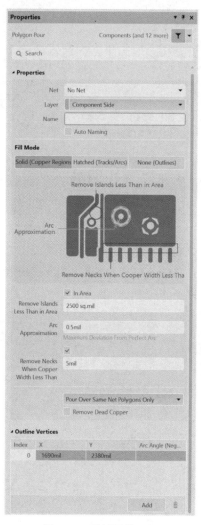

图 4-73　覆铜属性面板

(5)“Pour Over Same Net Polygons Only”(填充只超过相同的网络多边形)选项:用于设置覆铜的内部填充只与覆铜边界线及同网络的焊盘相连。

(6)“Pour Over All Same Net Objects”(填充超过所有相同的网络对象)选项:用于设置覆铜的内部填充与覆铜边界线,并与同网络的任何图元相连,如焊盘、过孔、导线等。

(7)“Remove Dead Copper”(删除孤立的覆铜)复选框:用于设置是否删除孤立区域的

覆铜。孤立区域的覆铜是指没有连接到指定网络元件上的封闭区域内的覆铜,若选中该复选框。则可以将这此区域的覆铜去除。

按照上述方法,对已有的 LED 显示电路的顶层 PCB 进行覆铜处理后如图 4-74 所示。注意,修改属性后,需要在鼠标右键菜单中选择"铺铜操作"→"所有铺铜重铺"命令。

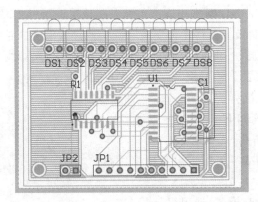

图 4-74　顶层覆铜效果

4.4.7　补泪滴

在导线和焊盘或者过孔的连接处,通常需要补泪滴去除连接处的直角,加大连接面。这样做有两个好处:一是在 PCB 的制作过程中,避免因钻孔定位偏差导致焊盘与导线断裂;二是在安装和使用中,可以避免因用力集中导致连接处断裂。

单击菜单栏中的"工具"→"泪滴"命令,即可执行补泪滴命令。系统弹出的"泪滴"对话框如图 4-75 所示。

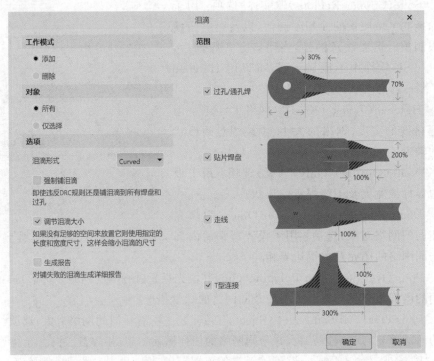

图 4-75　"泪滴"对话框

1."工作模式"选项组

"添加"单选钮：用于添加泪滴。

"删除"单选钮：用于删除泪滴。

2."对象"选项组

"所有"复选框：勾选该复选框，将对所有的对象添加泪滴。

"仅选择"复选框：勾选该复选框，将对选中的对象添加泪滴。

3."选项"选项组

"泪滴形式"：在该下拉列表中选择"Curved"(弧形)、"Line"(线)，表示用不同的形式添加滴泪。

(1)"强制铺泪滴"复选框：勾选该复选框，将强制对所有焊盘或过孔添加粗调，这样可能导致在 DRC 检测时出现错误信息。取消对此复选框的勾选，则对安全间距太小的位置不添加泪滴。

(2)"调节泪滴大小"复选框：勾选该复选框，进行添加泪滴的操作时自动调整泪滴的大小。

(3)"生成报告"复选框：勾选该复选框，进行添加泪滴的操作后将自动生成一个有关添加泪滴操作的报表文件，同时该报表也将在工作窗口显示出来。设置完毕后单击"确定"按钮，完成对象的泪滴添加操作。

4.5 PCB 的后期处理

4.5.1 设计规则检查

电路板布线后，在输出设计文件之面，还要进行一次完整的设计规则检查(Design Rule Check,DRC)，系统会根据用户设计规则的设置，对 PCB 设计的各个方面进行检查校验，如导线宽度、安全距离、元件间距、过孔类型。设计规则检查是 PCB 板设计正确性和完整性的重要保证。灵活运用 DRC，可以保障 PCB 设计的顺利进行和最终生成正确的输出文件。

单击菜单栏中的"工具"→"设计规则检测"命令，系统将弹出如图 4-76 所示的"设计规则检查器"对话框。该对话框的左侧是该检查器的内容列表，右侧是其对应的具体内容。对话框由两部分内容构成，即 DRC 报告选项和 DRC 规则列表。

1．DRC 报告选项

在"设计规则检查器"对话框左侧的列表中单击"Report Options"(报表选项)标签页，即显示 DRC 报告选项的具体内容。这里的选项主要用于对 DRC 报告的内容和方式进行设置。通常保持默认设置即可，其中一些选项的功能如下。

(1)"创建报告文件"复选框：运行批处理 DRC 后会自动生成报表文件(设计名.DRC)，包含本次 DRC 运行中使用的规则、违例数量和细节描述。

(2)"创建冲突"复选框：能在违例对象和违例消息之间直接建立链接，使用户可以直接通过"Message"(信息)面板中的违例消息进行错误定位，找到违例对象。

(3)"子网络细节"复选框：对网络连接关系进行检查并生成报告。

(4)"验证短路铜皮"复选框：对覆铜或非网络连接造成的短路进行检查。

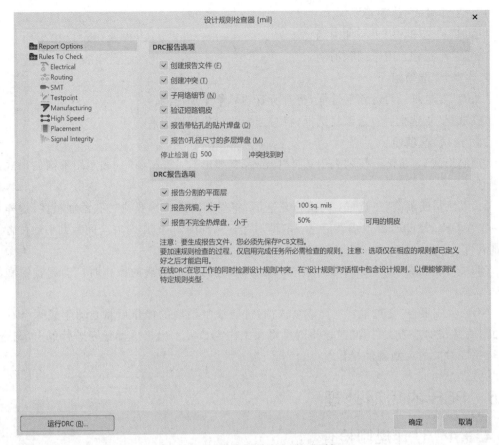

图 4-76 "设计规则检查器"对话框

2. DRC 规则列表

在"设计规则检查器"对话框左侧的列表中单击"Rules To Check"(检查规则)标签页，即可显示所有可进行检查的设计规则，其中包括 PCB 制作中常见的规则，也包括高速电路板设计规则，如图 4-77 所示。例如，线宽设定、引线间距、过孔大小、网络拓扑结构、元件安全距离、高速电路设计的引线长度、等距引线等，可以根据规则的名称进行具体设置。在规则栏中，通过"在线"和"批量"两个选项，用户可以选择在线 DRC 或批处理 DRC。

4.5.2 输出相关报表

PCB 绘制完毕，可以利用 Atium Designer 20 提供的强大报表生成功能，生成一系列报表文件。这些报表文件具有不同的功能和用途，为 PCB 设计的后期制作、元件采购、文件交流等提供了方便。在生成各种报表之前，首先确保要生成报表的文件已经打开并被激活为当前文件。

1. PCB 图的网络表文件

前面介绍的 PCB 设计，采用的是从原理图生成网络表的方式，这也是通用的 PCB 设计方法。但是有些时候，设计者直接调入元件封装绘制 PCB 图没有采用网络表，或者在 PCB 图绘制过程中连接关系有所调整，这时 PCB 的真正网络逻辑和原理图的网络表会有所差异。此时，就需要从 PCB 图中生成一份网络表文件。

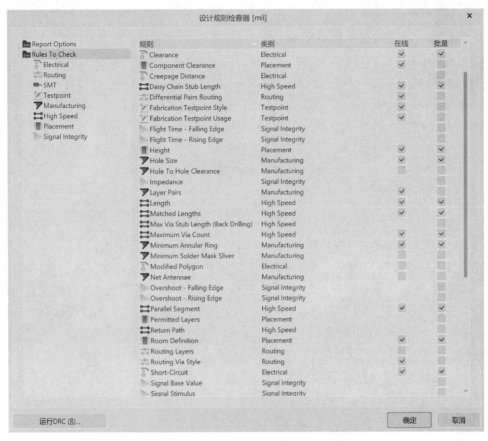

图 4-77 "Rules To Check(检查规则)"标签页

下面以从 PCB 文件"LED 显示电路.PcbDoc"生成网络表为例,详细介绍 PCB 图网络表文件生成的操作步骤。

在 PCB 编辑器中,单击菜单栏中的"设计"→"网络表"→"从连接的铜皮生成网络表"命令,系统将弹出如图 4-78 所示的"Confirm"(确认)对话框。

单击"Yes"按钮,系统生成 PCB 网络表文件"LED 显示电路.NET",并自动打开。

图 4-78 "Confirm"(确认)对话框

该网络表文件作为自由文档加入到"Projects"(工程)面板中,如图 4-79 所示。网络表可以根据用户需要进行修改,修改后的网络表可再次载入,以验证 PCB 的正确性。

2. PCB 图的信息报表

PCB 信息报表是对 PCB 的元件网络和完整细节信息进行汇总的报表。单击右下角的"Panels"打开"Properties(属性)"面板,在"Board Information"(板信息)选项组中显示 PCB 文件中元件和网络的完整细节信息,图 4-80 显示是选定对象时的相关信息:

(1) 汇总了 PCB 上的各类图元,如导线、过孔、焊盘等的数量,报告了电路板的尺寸信息和 DRC 违例数量。

(2) 报告了 PCB 上元件的统计信息,包括元件总数、各层放置数目和元件标号列表。

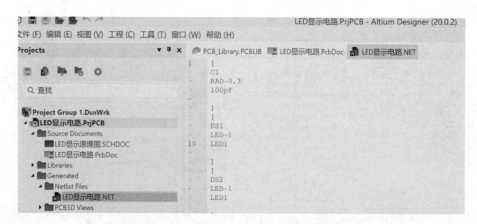

图 4-79 "LED 显示电路"的网络表文件

（3）列出了电路板的网络统计，包括导入网络总数和网络名称列表。

单击"Reports"（报告）按钮，系统将弹出如图 4-81 所示的"板级报告"对话框，通过该对话框可以生成 PCB 信息的报表文件，在该对话框的列表框中选择要包含在报表文件中的内容。勾选"仅选择对象"复选框时，报告中只列出当前电路板中已经处于选择状态下的图元信息。

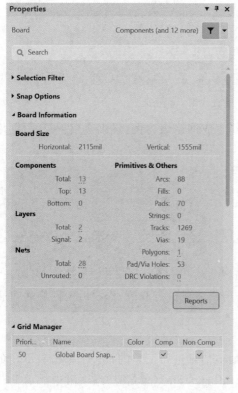

图 4-80 "Board Information"属性编辑

图 4-81 "Board Reports"对话框

在"板级报告"对话框中单击"报告"按钮，系统将生成"Board Information Report"的报表文件，并自动在工作区内打开，PCB 信息报表如图 4-82 所示。

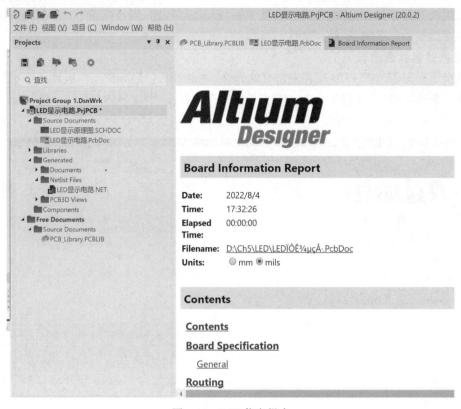

图 4-82　PCB 信息报表

3. 元件清单

单击菜单栏中的"报告"→"Bill of Materials"（元件清单）命令，系统将弹出相应的元件报表对话框，如图 4-83 所示。在该对话框中，可以对要创建的元件清单进行选项设置。右侧有两个选项卡，它们的含义分别如下：

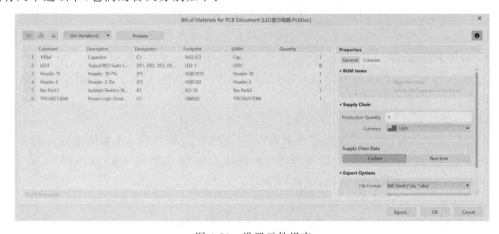

图 4-83　设置元件报表

（1）"General"（通用）选项卡：一般用于设置常用参数。

（2）"Columns"（纵队）选项卡：用于列出系统提供的所有元件属性信息，如"Description"（元件描述信息）、"Component Kind"（元件种类）等。

要生成并保存报表文件,单击对话框中的"Export"按钮,系统将弹出"另存为"对话框。选择保存类型和保存路径,保存文件即可。

4. 网络表状态报表

该报表列出了当前 PCB 文件中所有的网络,并说明了它们所在工作层和网络中导线的总长度。单击菜单栏中的"报告"→"网络表状态"命令,即生成名为"Net Status Report"的网络表状态报表,其格式如图 4-84 所示。

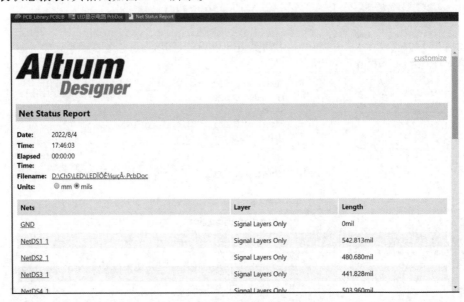

图 4-84　网络表状态报表的格式

4.5.3　印制板的图纸打印输出

PCB 设计完毕,就可以将其源文件、制造文件和各种报表文件按需要进行存档、打印、输出等。例如,将 PCB 文件打印作为焊接装配指导文件,将元件报表打印作为采购清单,生成胶片文件送交加工单位进行 PCB 加工,当然也可直接将 PCB 文件交给加工单位用以加工 PCB。

1. 打印 PCB 文件

利用 PCB 编辑器的文件打印功能,可以将 PCB 文件不同工作层上的图元按一定比例打印输出,用以校验和存档。

(1) 页面设置。

文件在打印之前,要根据需要进行页面设定,其操作方式与 Word 文档中的页面设置类似。单击菜单栏中的"文件"→"页面设置"命令,系统将弹出如图 4-85 所示的"Composite Properties"(复合页面属性设置)对话框。

该对话框中各选项的功能如下。

- "打印纸"选项组: 用于设置打印纸尺寸和打印方向。
- "缩放比例"选项组: 用于设定打印内容与打印纸的四配方法。系统提供了两种缩放匹配模式,即"Fit Document On Page"(适合文档页面)和"Select Print"(选择打印)前者将打印内容缩放到适合图纸大小,后者由用户设定打印缩放的比例因子。如果选择了"Selects Print"选项,则"缩放"文本框和"校正"选项组都将变为可用,在

图 4-85 "Composite Properties"对话框

"缩放"文本框中填写比例因子设定图形的缩放比例,填写 1.0 时,将按实际大小打印 PCB 图形;"校正"选项组可以对 X、Y 方向上的比例进行调整。

- "偏移"选项组:勾选"居中"复选框时,打印图形将位于打印纸张中心,上、下边距和左、右边距分别对称。取消对"居中"复选框的勾选后,在"水平"和"垂直"文本框中可以进行参数设置,改变页边距,即改变图形在图纸上的相对位置。选用不同的缩放比例因子和页边距参数而产生的打印效果,可以通过打印预览来观察。

- "高级"按钮:单击该按钮,系统将弹出如图 4-86 所示的"PCB 打印输出属性"对话框,在该对话框中设置要打印的工作层及其打印方式。

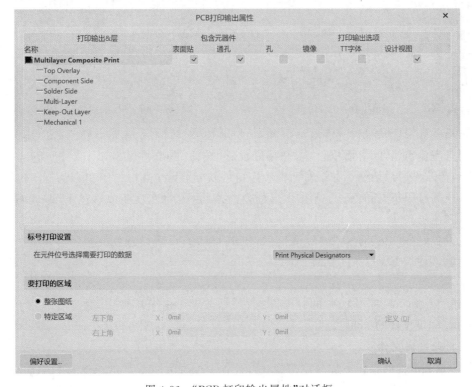

图 4-86 "PCB 打印输出属性"对话框

（2）打印输出属性。

在图 4-86 所示的"PCB 打印输出属性"对话框，双击"Multilayer Composite Print"（多层复合打印）左侧的页面图标，系统将弹出如图 4-87 所示的"打印输出特性"对话框。在该对话框的"层"列表框中列出了将要打印的工作层，系统默认列出所有图元的工作层。通过底部的编辑按钮对打印层面进行添加、删除操作。

- 单击"打印输出特性"对话框中的"添加"按钮或"编辑"按钮，系统将弹出如图 4-88 所示的"板层属性"对话框。在该对话框中进行图层打印属性的设置。在各个图元的选项组中，提供了 3 种类型的打印方案，即"全部""草图"和"隐藏"。"全部"即打印该类图元全部图形画面，"草图"只打印该类图元的外形轮廓，"隐藏"则隐藏该类图元，不打印。

图 4-87 "打印输出特性"对话框

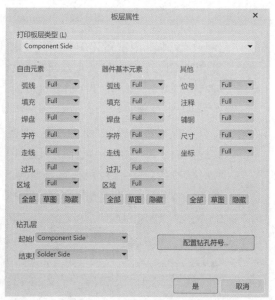

图 4-88 "板层属性"对话框

- 设置好"打印输出特性"对话框和"板层属性"对话框后，单击"OK"按钮，返回"PCB打印输出属性"对话框。单击"偏好设置"按钮，系统将弹出如图 4-89 所示的"PCB打印设置"对话框。在该对话框中用户可以分别设定黑白打印和彩色打印时各个图层的打印灰度和色彩。单击图层列表中各个图层的灰度条或彩色条，即可调整灰度和色彩。
- 设置好"PCB 打印设置"对话框后，PCB 打印的页面设置就完成了。单击"OK"按钮，返回 PCB 工作区界面。

（3）打印。

单击"PCB 标准"工具栏中的打印图标按钮，或者单击菜单栏中的"文件"→"打印"命令，即可打印设置好的 PCB 文件。

2. 打印报表文件

打印报表文件的操作更加简单一些。打开各个报表文件之后，同样先进行页面设置，而且报表文件的"高级"属性设置也相对简单。"高级文本打印工具"对话框如图 4-90 所示。

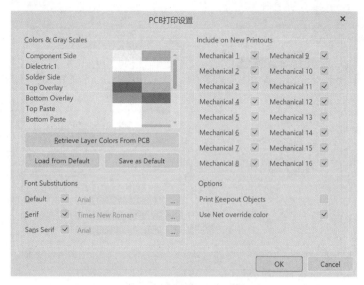

图 4-89 "PCB 打印设置"对话框

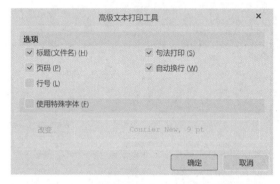

图 4-90 "高级文本打印工具"对话框

勾选"使用特殊字体"复选框后,即可单击"改变"按钮重新设置用户想要使用的字体和大小,如图 4-91 所示。设置好页面的所有参数后,就可以进行预览和打印了。其操作与 PCB 文件打印相同,这里不再赘述。

3. Gerber 文件输出

Gerber 文件是一种符合美国电子工业协会(EIA)标准,用于驱动光绘机的文件。

(1) 输出 Gerber 文件。

PCB 设计完成后通常会将 PCB 文件生成 Gerber 文件,再交给 PCB 厂商制作,确保 PCB 制作出来的效果符合设计者的设计需要。单击菜单栏中的"文件"→"制造输出"→ "Gerber Files"(Gerber 文件)命令,系统将弹出如图 4-92 所示的"Gerber 设置"对话框。

- 在"通用"选项卡的"单位"选项组中点选"英寸"单选钮,在"格式"选项组中点选"2:5" 单选钮,也可以根据生产厂家要求进行设定。
- 单击"层"选项卡,在该选项卡中选择输出的层,一次选中需要输出的所有层。在绘制层命令框中选中"选择使用的"命令,勾选"包括未连接的中间层焊盘"(多层板必须勾选),勾选机械层。
- 单击"钻孔图层"中勾选上下两个"输出所有使用的钻孔对"。

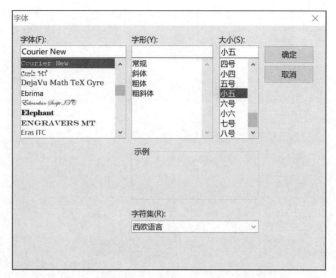

图 4-91 重新设置字体

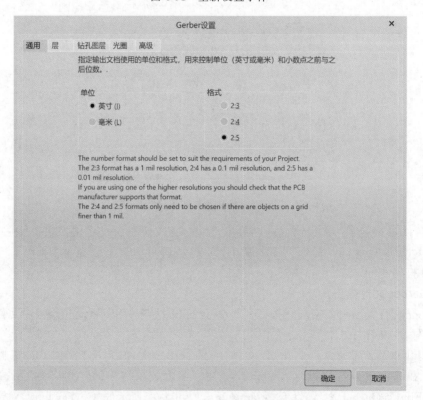

图 4-92 "Gerber 设置"对话框

- "高级"选项卡,可以按照默认情况。

单击"确定"按钮,得到系统输出的 Gerber 文件。

(2) 输出"NC Drill Files"文件。

按照上述方法,单击菜单栏中的"文件"→"制造输出"→"NC Drill Files"命令,可以同样生成"NC Drill Files"文件。

（3）输出 Test Point Report（IPC 网表文件）

按照上述方法，单击菜单栏中的"文件"→"制造输出"→"Test Point Report"命令，弹出如图 4-93 所示对话框，需要选中"IPC-D-356A"选项。

图 4-93　IPC 网表文件输出设置

至此，Gerber 文件输出完成。输出过程中产生的 cam 文件可直接关闭，不用保存。工程目录下的"Project Outputs for LED 显示电路"文件夹中的文件即 Gerber 文件，将其重命名，然后打包发送给 PCB 生产厂商制作即可。

本章习题

（1）简述 PCB 的分类。

（2）简述 PCB 板层都包括哪些？分别起什么作用？

（3）创建 PCB 文件有几种方法，大概步骤是什么？

（4）简述 PCB 设计中布局的原则。

（5）试说明元件清单的主要作用。

（6）简述本章中几种类型的表是如何输出，其各自作用是什么？

（7）试着对原理图文件和 PCB 文件分别进行打印，比较操作异同。

（8）挖掘"PCB 设计"和"工匠精神"的案例。

第 5 章

创建元件库及元件封装

本章知识点：

1. 掌握 Altium Designer 20 软件元件编辑器的使用方法，并制作元件。

2. 掌握 Altium Designer 20 软件元件封装库编辑器的操作，制作元件封装并创建元件封装库。

5.1 创建原理图元件库

本节首先介绍制作原理图元件库的方法。打开或新建一个原理图元件库文件，即可进入原理图元件库文件编辑器。例如，打开"文件"→"新的"→"库"→"原理图库"，新建一个以"SchLib"为后缀的原理图库文件，打开的原理图元件库文件编辑器如图 5-1 所示。

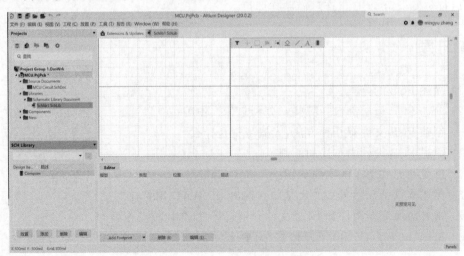

图 5-1 元件库元件文件编辑器

5.1.1 元件库面板

在原理图元件库文件编辑器中，单击工作面板中的 SCH Library（SCH 元件库）标签页，即可显示"SCH Library SCH"（元件库）面板。该面板是原理图元件库文件编辑环境中的主面板,几乎包含了用户创建的库文件的所有信息,用于对库文件进行编辑管理,如图 5-2 所示。

在"Components"(元件)列表框中列出了当前所打开的原理图元件库文件中的所有库元件,包括原理图符号名称及相应的描述等。其中各按钮的功能如下:

(1)"放置"按钮:用于将选定的元件放置到当前原理图中;

(2)"添加"按钮:用于在该库文件中添加一个元件;

(3)"删除"按钮:用于删除选定的元件;

(4)"编辑"按钮:用于编辑选定元件的属性。

图 5-2　"SCH Library"面板

5.1.2　工具栏

对于原理图元件库文件编辑环境中的菜单栏及工具栏,由于功能和使用方法与原理图编辑环境中基本一致,在此不再赘述。本节主要对"实用"工具栏中的原理图符号绘制工具、IEEE 符号工具及"模式"工具栏进行简要介绍,具体的操作将在后面的章节中进行介绍。在菜单栏上单击鼠标右键,选中"原理图库标准""应用工具""模式"几个选项,如图 5-3 所示。

1. 原理图符号绘制工具

单击工具栏中的"放置"命令,弹出相应的命令菜单,如图 5-4 所示。其中各按钮的具体功能如表 5-1 所示。

图 5-3　菜单面板功能选择　　　　图 5-4　放置命令菜单

表 5-1　绘图符号及功能

符　　号	功　　能	符　　号	功　　能
线 (L)	用于绘制直线	文本框 (F)	用于放置文本框
贝塞尔曲线 (B)	用于绘制贝塞尔曲线	矩形 (R)	用于绘制矩形
弧 (A)	用于绘制圆弧线	文本字符串 (T)	用于放置文本字符串
多边形 (Y)	用于绘制多边形	图像 (G)...	用于放置图像
引脚 (P)	用于放置引脚	圆角矩形 (O)	用于绘制圆角矩形
圆圈 (U)	用于放置圆圈	椭圆 (E)	用于绘制椭圆

2．IEEE 符号工具

单击"应用工具"工具栏中的放置按钮,弹出相应的 IEEE 符号菜单,各按钮的功能说明如表 5-2 所示。

表 5-2　IEEE 符号及功能

符　号	功　能	符　号	功　能
○	用于放置点	⇧	用于放置集电极开路上拉
←	用于放置左右信号流	◇	用于放置发射极开路
▷	用于放置时钟	⇩	用于放置发射极开路上拉
⊥	用于放置低电平输入	#	用于放置数字信号输入
⏟	用于放置模拟信号输入	▷	用于放置反向器
⊁	用于放置非逻辑连接	⊅	用于放置或门
⌐	用于放置延迟输出	◁▷	用于放置输入/输出
◿	用于放置集电极开路	▭	用于输入与门
▽	用于放置高阻	⊅	用于输入异或门
▷	用于放置大电流	←	用于输入左移位
⊓	用于放置脉冲	≤	用于输入小于等于
⊢⊣	用于放置延时	Σ	用于输入 Sigma
]	用于放置线组	⊐	用于输入施密特电路
}	用于放置二进制组	→▷	用于输入右移位
⊢	用于放置低电平输出	◇	用于输入开路输出
π	用于放置 Pi 符号	▷	用于输入左右信号流
≥	用于放置大于等于	◁▷	用于输入双向信号流

5.1.3　元件库编辑器工作区参数设置

在原理图元件库文件的编辑环境中,打开如图 5-5 所示的"Properties"(属性)面板,在该面板中可以根据需要设置相应的参数。

图 5-5　"Properties"面板

该面板与原理图编辑环境中的"Properties"面板内容相似,所以这里只介绍其中个别选项的含义,对于其他选项,用户可以参考前面章节介绍的关于原理图编辑环境的"Properties"面板的设置方法。

5.1.4 绘制库元件

下面以绘制美国 Cygnal 公司的一款 USB 微控制器芯片 C8051F320 为例,详细介绍元件的绘制过程。

1. 绘制库元件的原理图符号

单击菜单栏中的"文件"→"新的"→"库"→"原理图库"命令,如图 5-6 所示,打开原理图元件库文件编辑器,创建一个新的原理图元件库文件,命名为"NewLib. SchLib"。

图 5-6 创建元件库文件

在界面右下角单击"Panels"按钮,弹出快捷菜单,选择"Properties"命令,打开"Properties"面板,并自动固定在右侧边界上,在弹出的面板中进行工作区参数设置。

为新建的库文件原理图符号命名。在创建一个新的原理图元件库文件的同时,系统已自动为该库添加了一个默认原理图符号名为"Component-1"的库元件,在"SCH Library"(SCH 元件库)面板中可以看到。通过以下两种方法,可以为该库元件重新命名。单击"应用工具"工具栏中的"工具"栏下拉菜单中的"新器件",系统将弹出原理图符号名称对话框,在该对话框中输入自己要绘制的库元件名称。

在"SCH Library"(SCH 元件库)面板中,直接单击原理图符号名称栏下面的"添加"按钮,也会弹出原理图符号名称对话框。

如输入"C8051F320",单击"确定"按钮,关闭该对话框,则默认原理图符号名为["""]Component-1 的库元件变成"C8051F320"。

单击"应用工具"工具栏中的"放置"按钮下拉菜单中的矩形按钮,光标变成十字形状,并附有一个矩形符号。单击两次,在编辑窗口的第四象限内绘制一个矩形,如图 5-7 所示。

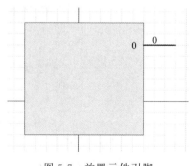

图 5-7 放置元件引脚

注意：矩形用来作为库元件的原理图符号外形，其大小应根据要绘制的库元件引脚数的多少来决定。由于我们使用的 C8051F320 采用 32 引脚 LQFP 封装形式，所以应画成正方形，并画得大一些，以便于引脚的放置。引脚放置完毕后，可以再调整成合适的尺寸。

2. 放置引脚

单击快捷工具栏中的"放置引脚"按钮，光标变成十字形状，并附有一个引脚符号。

移动该引脚到矩形边框处，单击完成放置，在放置引脚时，一定要保证具有电气连接特性的一端，即带有"×"号的一端朝外，这可以通过在放置引脚时按 Space 键旋转来实现。

在放置引脚时按 Tab 键，或者双击已放置的引脚，系统将弹出如图 5-8 所示的"Properties"面板，在该面板中可以对引脚的各项属性进行设置。

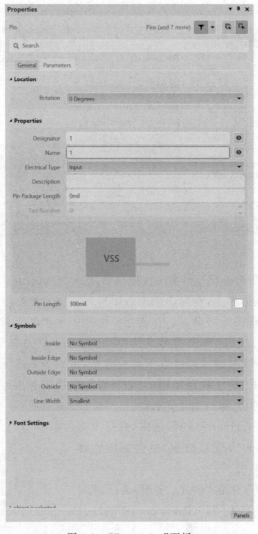

图 5-8　"Properties"面板

"Properties"面板中各项属性含义如下：

（1）Location（位置）选项组。

Rotation（旋转）用于设置端口放置的角度，有 0 Degrees，90 Degrees，180 Degrees，270

Degrees 4 种选择。

(2) Properties 选项组。

"Designator"(指定引脚标号)文本框用于设置库元件引脚的编号,应该与实际的引脚编号相对应,这里输入 1。

"Name"(名称)文本框用于设置库元件引脚的名称,并激活右侧"可见的"按钮。

"Electrical Type"(电气类型)下拉列表框用于设置库元件引脚的电气特性。有 Input(输入)、I/O(输出/出入)、Output(输出)、Opencollector(打开集流器)、Passive(中性的)、Hiz(高阻形)、Emitter(发射器)、Power(激励)8 个选项。这里我们选择"Passive"(中性的)选项,表示不设置电气特性。

"Description"(描述)文本框用于填写库元件引脚的特性描述。

"Pin Package Length"(引脚包长度)文本框用于填写库元件引脚封装长度。

"Pin Length"(引脚长度)文本框用于填写库元件引脚的长度。

(3) "Symbols"(引脚符号)选项组。

根据引脚的功能及电气特性为该引脚设置不同的 IEEE 符号,作为读图时的参考。可放置在原理图符号的 Inside(内部)、Inside Edge(内部边沿)、Outside Edge(外部边沿)或 Outside(外部)等不同位置,设置 Line Width(线宽),没有任何电气意义。

(4) "Font Settings"(字体设置)选项组。

设置元件的"Designator"(指定引脚标号)和"Name"(名称)字体的通用设置与通用位置参数设置。

(5) "Parameters(参数)"选项卡。

用于设置库元件的 VHDL 参数,设置完毕后,按 Enter 键,设置好属性的引脚。

按照同样的操作,或者使用阵列粘贴功能,完成其余 31 个引脚的放置,并设置好相应的属性。放置好全部引脚的库元件如图 5-9 所示。

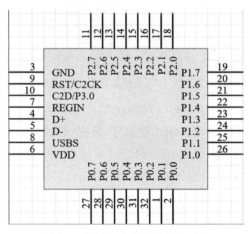

图 5-9 放置好全部引脚的库元件

3. 编辑元件属性

(1) 双击"SCH Library"(SCH 元件库)面板原理图符号名称栏中的库元件名称 "C8051F320",系统弹出如图 5-10 所示的"Properties"面板。在该面板中可以对自己所创建的库元件进行特性描述,并设置其他属性参数。主要设置内容包括以下几项。

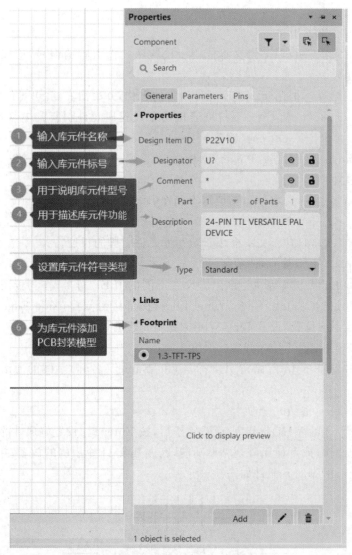

图 5-10 库元件属性设置面板

- "Design Item ID"(设计项目标识)文本框：库元件名称。
- "Designator(符号)"文本框：库元件标号，即把该元件放置到原理图文件中时，系统最初默认显示的元件标号。这里设置为"U?"，并单击右侧的"可用"按钮 ⊙，则放置该元件时，序号"U?"会显示在原理图上。单击"锁定引脚"按钮 🔒，所有的引脚将和库元件成为一个整体，不能在原理图上单独移动引脚。建议用户单击该按钮，这样对电路原理图的绘制和编辑会有很大好处，以减少麻烦。
- "Comment"(元件)文木框：用于说明库元件型号。这里设置为"P22V10"，并单击右侧的"可用"按钮 ⊙。则放置该元件时，"P22V10"会显示在原理图上。
- "Description"(描述)文本框：用于描述库元件功能。这里输入"24-PIN TTLVERSATILE PAL DEVICE"。
- "Type"(类型)下拉列表框：库元件符号类型，可以选择设置。这里采用系统默认设置"Standard"(标准)。

- "Links"(元件库线路)选项组：库元件在系统中的标识符。这里输入"P22V10"。
- "Footprint(封装)"选项组。

单击"Add"(添加)按钮，可以为该库元件添加 PCB 封装模型。

- "Models"(模式)选项组。

单击"Add"按钮，可以为该库元件添加 PCB 封装模型之外的模型，如信号完整性模型、仿真模型、PCB 3D 模型等。

- "Graphical"(图形)选项组：用于设置图形中线的颜色、填充颜色和引脚颜色。
- "Pins(引脚)"选项卡：系统将弹出如图 5-11 所示的选项卡，在该面板中可以对该元件所有引脚进行设置。单击"编辑"按钮，弹出"元件引脚编辑器"对话框，如图 5-12 所示。

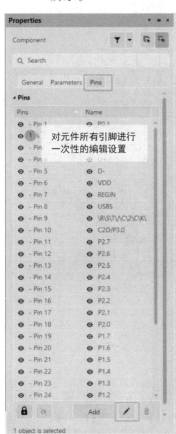

图 5-11　设置所有引脚

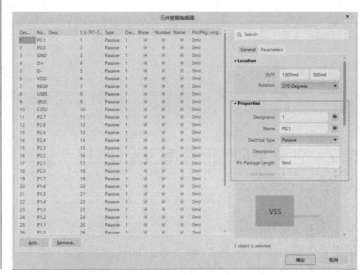

图 5-12　"元件引脚编辑器"对话框

（2）设置完毕后，单击"确定"按钮，关闭该对话框。

（3）单击菜单栏中的"放置"→"文本字符串"命令，或者单击快捷工具栏中的(放置文本字符串)按钮，光标将变成十字形状，并带有一个文本字符串。

（4）移动光标到原理图符号中心位置处，此时按 Tab 键或者双击字符串系统会弹出如图 5-13 所示的"Properties"面板，在"文本"框中输入"SILICON"。

（5）按 Enter 键，完成设置，关闭该面板。

至此,我们完整地绘制了库元件 C8051F320 的原理图符号,如图 5-14 所示。在绘制电路原理图时,只需要将该元件所在的库文件打开,就可以随时调用该元件了。

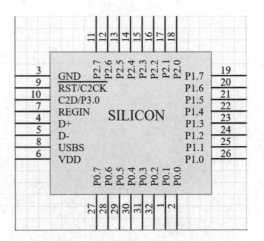

图 5-13　库元件 C8051F320 的原理图符号　　　　图 5-14　字符"Properties"对话框

5.2　创建 PCB 元件库及元件封装

5.2.1　封装概述

电子元件种类繁多,其封装形式也是多种多样。所谓封装是指安装半导体集成电路芯片用的外壳,它不仅起着安放、固定、密封、保护芯片和增强导热性能的作用,还是沟通芯片内部世界与外部电路的桥梁。

芯片的封装在 PCB 上通常表现为一组焊盘、丝印层上的边框及芯片的说明文字。焊盘是封装中最重要的组成部分,用于连接芯片的引脚,并通过印制板上的导线连接到印制板上的其他焊盘,进一步连接焊盘所对应的芯片引脚,实现不同电路功能。在封装中,每个焊盘都有唯一的标号,以区别封装中的其他焊盘。丝印层上的边框和说明文字主要起指示作用,指明焊盘组所对应的芯片,方便印制板的焊接。焊盘的形状和排列是封装的关键组成部分,确保焊盘的形状和排列正确才能正确地建立一个封装。对于安装有特殊要求的封装,边框也需要绝对正确。

Altium Designer 20 提供了强大的封装绘制功能，能够绘制各种各样的新型封装。考虑到芯片引脚的排列通常是有规则的，多种芯片可能有同一种封装形式，Altium Designer 20 提供了封装库管理功能，绘制好的封装可以方便地保存和调用。

5.2.2 常用元件封装介绍

总体上讲，根据元件所采用安装技术的不同，可分为通孔安装技术（Through Hole Technology，THT）和表面安装技术（Surface Mounted Technology，SMT）。

使用通孔安装技术安装元件时，元件安置在电路板的一面，元件引脚穿过 PCB 焊接在另一面上。通孔安装元件需要占用较大的空间，并且要为所有引脚在电路板上钻孔，所以它们的引脚会占用两面的空间，而且焊点也比较大。但从另一方面来说，通孔安装元件与 PCB 连接较好，力学性能好。例如，排线的插座、接口板插槽等类似接口都需要一定的耐压能力，因此，通常采用 THT 安装技术。

表面安装元件，引脚焊盘与元件在电路板的同一面。表面安装元件一般比通孔元件体积小，而且不必为焊盘钻孔，甚至还能在 PCB 的两面都焊上元件。因此，与使用通孔安装元件的 PCB 相比，使用表面安装元件的 PCB 上元件布局要密集很多，体积也小很多。此外，应用表面安装技术的封装元件也比通孔安装元件要便宜一些，所以目前的 PCB 设计广泛采用了表面安装元件。

常用元件封装分类如下。

BGA（Ball Grid Array）：球栅阵列封装。因其封装材料和尺寸的不同还细分成不同的 BGA 封装，如陶瓷球栅阵列封装 CBGA 等。

PGA（Pin Grid Array）：插针栅格阵列封装。这种技术封装的芯片内外有多个方阵形的插针，每个方阵形插针沿芯片的四周间隔一定距离排列，根据引脚数目的多少，可以围成 2～5 圈。安装时，将芯片插入专门的 PGA 插座。该技术一般用于插拔操作比较频繁的场合，如计算机的 CPU。

QFP（Quad Flat Package）：方形扁平封装，是当前芯片使用较多的一种封装形式。

PLCC（Plastic Leaded Chip Carrier）：塑料引线芯片载体。

DIP（Dual In-line Package）：双列直插封装。

SIP（Single In-line Package）：单列直插封装。

SOP（Small Out-line Package）：小外形封装。

SOJ（Small Out-line J-Leaded Package）：J 形引脚小外形封装。

CSP（Chip Scale Package）：芯片级封装，这是一种较新的封装形式，常用于内存条。

在 CSP 方式中，芯片是通过一个个锡球焊接在 PCB 上，由于焊点和 PCB 的接触面积较大，所以内存芯片在运行中所产生的热量可以很容易地传导到 PCB 上并散发出去。另外，CSP 封装芯片采用中心引脚形式，有效地缩短了信号的传输距离，其衰减随之减少，芯片的抗干扰、抗噪性能也能得到大幅提升。

Flip-Chip：倒装焊芯片，也称为复晶式组装技术，是一种将 IC 与基板相互连接的先进封装技术。在封装过程中，IC 会被翻转过来，让 IC 上面的焊点与基板的接合点相互连接。由于成本与制造因素，使用 Flip-Chip 接合的产品通常根据 I/O 数多少分为两种形式，即低 I/O 数的 FCOB（Flip Chip on Board）封装和高 I/O 数的 FCIP（Flip Chip in Package）封装。

Flip-Chip 技术应用的基板包括陶瓷、硅芯片、高分子基层板及玻璃等,其应用范围包括计算机、PCMCIA 卡、军事设备、个人通信产品、钟表及液晶显示器等。

COB(Chip on Board):板上芯片封装,即芯片被绑定在 PCB 上。这是一种现在比较流行的生产方式。COB 模块的生产成本比 SMT 低,还可以减小封装体积。

5.2.3　PCB 库编辑器

进入 PCB 库文件编辑环境的操作步骤如下。

单击菜单栏中的"文件"→"新的"→"库"→"PCB 元件库"菜单命令,如图 5-15 所示,打开 PCB 库编辑环境,新建一个空白 PCB 库文件"PcbLibl. PcbLib"。

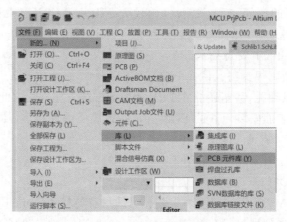

图 5-15　PCB 库编辑器

保存并更改该 PCB 库文件名称,这里改名为"NewPcbLib. PcbLib"。可以看到,在"Project"(工程)面板的 PCB 库文件管理夹中出现了所需要的 PCB 库文件,双击该文件即可进入 PCB 库编辑器,如图 5-16 所示。

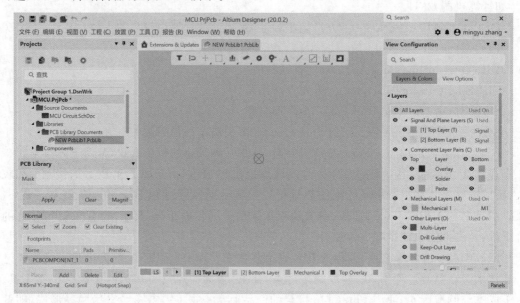

图 5-16　PCB 库文件

PCB 库编辑器的设置和 PCB 编辑器基本相同,只是菜单栏中少了"设计"和"布线"命令,工具栏中也少了相应的工具按钮。另外,在这两个编辑器中,可用的控制面板也有所不同。在 PCB 库编辑器中独有的"PCB Library"(PCB 元件库)面板,提供了对封装库内元件封装统一编辑、管理的界面。

"PCB Library"面板如图 5-17 所示。

面板分为"Mask"(屏蔽查询栏)、"Footprints"(封装列表)、"Footprint Primitives"(封装图元列表)和"Other"(缩略图显示框)4 个区域。

"Mask"对该库文件内的所有元件封装进行查询,并根据屏蔽框中的内容将符合条件的元件封装列出。

"Footprints"列出该库文件中所有符合屏蔽栏设定条件的元件封装名称,并注明其焊盘数、图元数等基本属性。单击元件列表中的元件封装名,工作区将显示该封装,并弹出如图 5-18 所示的"PCB 库封装"对话框,在该对话框中可以修改元件封装的名称和高度。高度是供 PCB 3D 显示时使用的。

在元件列表中右击,弹出的右键快捷菜单如图 5-19 所示。通过该菜单可以进行元件库的各种编辑操作。

图 5-17 "PCB Library"面板

图 5-18 "PCB 库封装"对话框

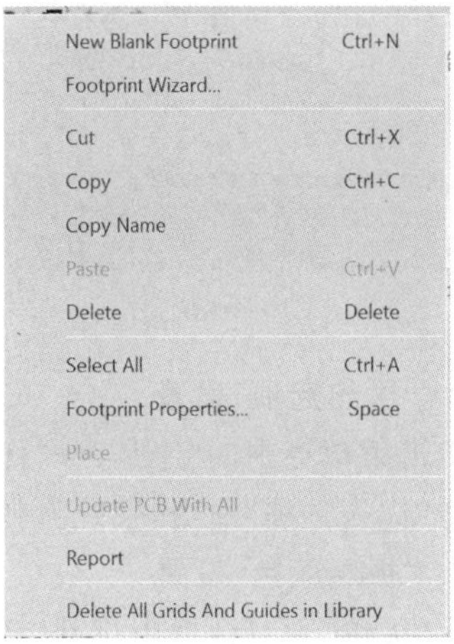

图 5-19 右键快捷菜单

5.2.4 PCB 库编辑器环境设置

进入 PCB 库编辑器后,需要根据要绘制的元件封装类型对编辑器环境进行相应的设置。PCB 库编辑器环境设置包括"器件库选项""板层颜色""层叠管理器"和"优先选项"。

1. "器件库选项"设置

打开"Properties"面板,单击右下角的"Panels"按钮,弹出如图 5-20 所示菜单,勾选"Properties",即可在面板右侧出现如图 5-21 所示的"Properties"面板。在此面板中对器件库选项参数进行设置。

图 5-20　"Panels"菜单　　　　　　　图 5-21　"Properties"面板

2. "优先选项"设置

单击菜单栏中的"工具"→"优先选项"命令或者在工作区右击,在弹出的右键快捷菜单中单击"优先选项"命令,系统将弹出如图 5-22 所示的"优选项"对话框。

3. "板层颜色"设置

在"优选项"对话框中打开"PCB Editor"下的"Layers Colors"(电路板层颜色)选项,如图 5-23 所示。

4. "Layer Stack Manager"(层栈管理)设置

单击菜单栏中的"工具"→"层叠管理器"命令,即可打开"NewPcbLib.PcbLib"文件的叠层管理文件,如图 5-24 所示。至此,PCB 库编辑器环境设置完毕。

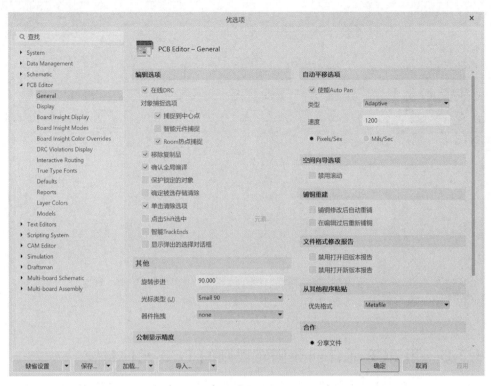

图 5-22　器件库选项位置

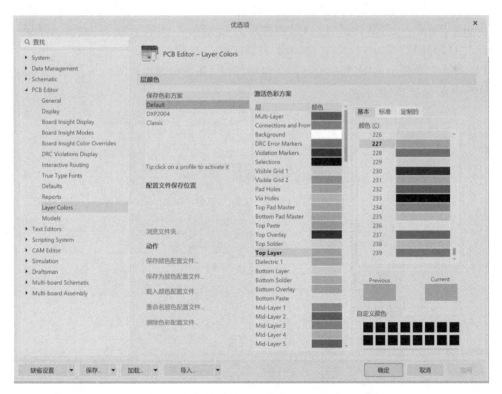

图 5-23　"Layers Colors"选项

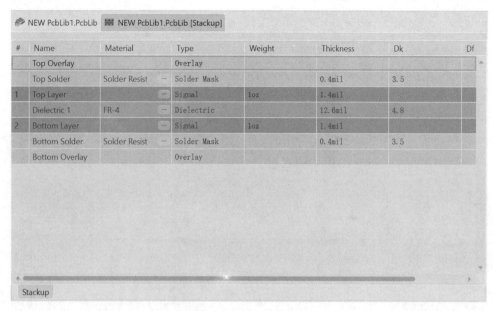

图 5-24　层叠管理文件

5.2.5　用 PCB 元件向导创建规则的 PCB 元件封装

下面用 PCB 元件向导来创建规则的 PCB 元件封装。由用户在一系列对话框中输入参数，然后根据这些参数自动创建元件封装。这里要创建的封装尺寸信息为：外形轮廓为矩形 10mm×10mm，引脚数为 16×4，引脚宽度为 0.22mm，引脚长度为 1mm，引脚间距为 0.5mm，引脚外围轮廓为 12mm×12mm。具体的操作步骤如下。

（1）单击菜单栏中的"工具"→"元器件向导"命令，系统将弹出如图 5-25 所示的"Footprint Wizard"（封装向导）对话框。

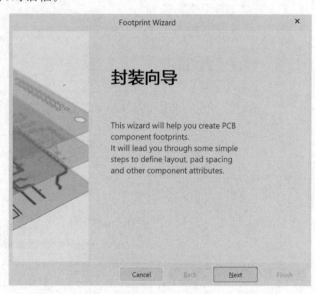

图 5-25　"Footprint Wizard（封装向导）"对话框

（2）单击"Next"按钮，进入元件封装模式选择界面。在模式类表中列出了各种封装模式，如图 5-26 所示。这里选择 Quad Packs(QUAD)封装模式，在"选择单位"下拉列表框中选择单位"Metric(mm)"。

图 5-26　元件封装样式选择界面

单击"Next"按钮，进入焊盘尺寸设定界面。在这里设置焊盘的长为 1mm、宽为 0.22mm，如图 5-27 所示。

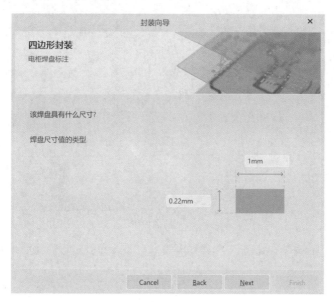

图 5-27　焊盘尺寸设定界面

单击"Next"按钮，进入焊盘形状设定界面，如图 5-28 所示。在这里使用默认设置，第一脚为圆形，其余脚为方形，以便于区分。

单击"Next"按钮，进入轮廓宽度设置界面，如图 5-29 所示。这里使用默认设置"0.2mm"。

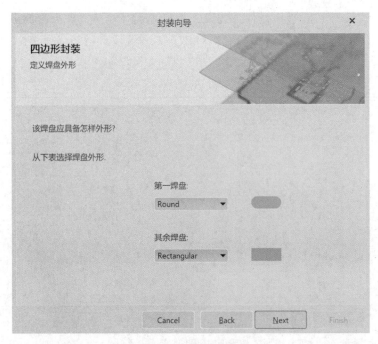

图 5-28　焊盘形状设置界面

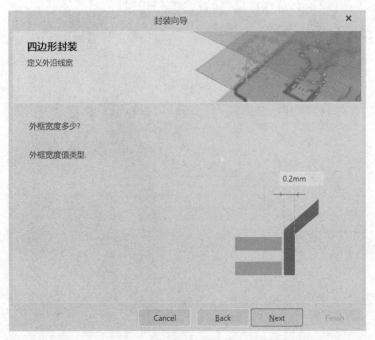

图 5-29　轮廓宽度设置界面

　　单击"Next"按钮,进入焊盘间距设置界面。在这里将焊盘间距设置为"1.2mm",根据计算,将行、列间距均设置为"3.8mm",如图 5-30 所示。

　　单击"Next"按钮,进入焊盘起始位置和命名方向设置界面,如图 5-31 所示。单击单选框可以确定焊盘起始位置,单击箭头可以改变焊盘命名方向。采用默认设置,将第一个焊盘设置在封装左上角,命名方向为逆时针方向。

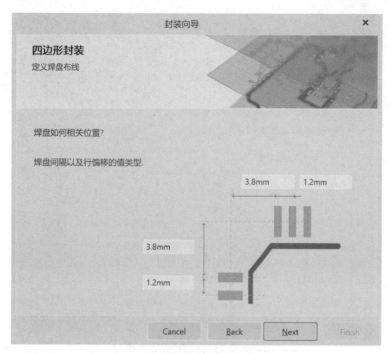

图 5-30　焊盘间距设置界面

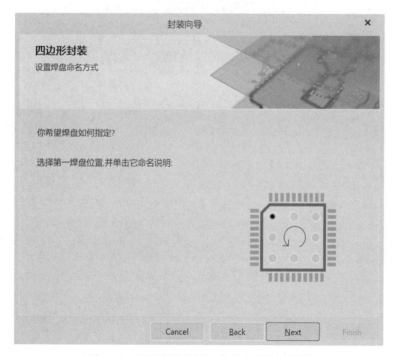

图 5-31　焊盘起始位置和命名方向设置界面

单击"Next"按钮,进入焊盘数目设置界面。将 X、Y 方向的焊盘数目均设置为 16,如图 5-32 所示。

单击"Next"按钮,进入封装命名界面。将封装命名为"Quad64",如图 5-33 所示。

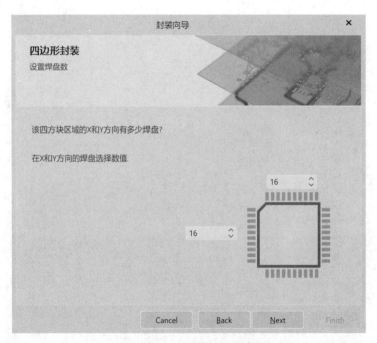

图 5-32　焊盘数目设置界面

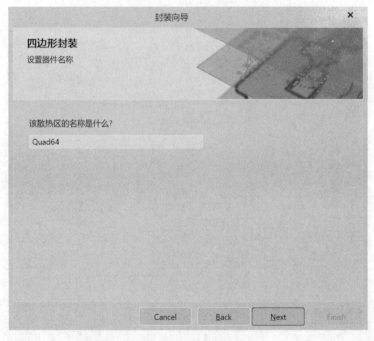

图 5-33　封装命名界面

单击"Next"按钮,进入封装制作完成界面,如图 5-34 所示。单击"Finish(完成)"按钮,退出封装向导。

至此,Quad64 的封装就制作完成了,工作区内显示的封装图形如图 5-35 所示。

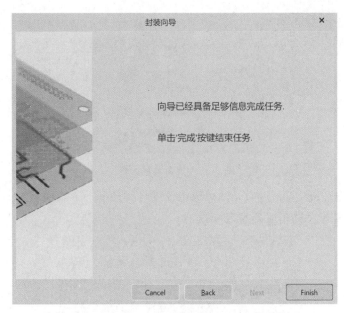

图 5-34 封装制作完成界面

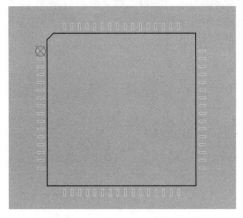

图 5-35 Quad64 的封装图形

5.2.6 手动创建不规则的 PCB 元件封装

由于某些电子元件的引脚非常特殊,或者设计人员使用了一个最新的电子元件,用 PCB 元件向导往往无法创建新的元件封装。这时,可以根据该元件的实际参数手动创建引脚封装。手动创建元件引脚封装,需要用直线或曲线来表示元件的外形轮廓,然后添加焊盘来形成引脚连接。元件封装的参数可以放置在 PCB 的任意工作层上,但元件的轮廓只能放置在顶层丝印层上,焊盘只能放在信号层上。当在 PCB 上放置元件时,元件引脚封装的各个部分将分别放置到预先定义的图层上。

下面详细介绍手动创建 PCB 元件封装的操作步骤。

(1) 创建新的空元件文件。打开 PCB 元件库 NewPcbLib.PcbLib,单击菜单栏中的"工具"→"新的空元件"命令,这时在"PCB Library"(PCB 元件库)面板的元件封装列表中会出现一个新的 PCB COMPONENTI 空文件。双击该文件,在弹出的对话框中将元件名称改为"New-NPN",如图 5-36 所示。

图 5-36　重新命名元件

（2）设置工作环境。单击左下角的"Panels"选择"Properties"面板,如图 5-37 所示,在面板中可以根据需要设置相应的参数。

图 5-37　"Properties"面板

（3）设置工作区颜色。颜色设置由读者自己把握,这里不再赘述。

（4）设置"优选项"对话框。单击菜单栏中的"工具"→"优先选项"命令,或者在工作区单击鼠标右键,在弹出的右键快捷菜单中选择"优先选项"命令,系统将弹出如图 5-38 所示的"优选项"对话框,使用默认设置即可。单击"确定"按钮,关闭该对话框。

（5）放置焊盘。在"Top-Layer"（顶层）单击菜单栏中的"放置"→"焊盘"命令,光标箭头上悬浮一个十字光标和一个焊盘,单击确定焊盘的位置。按照同样的方法放置另外两个焊盘。

（6）设置焊盘属性。双击焊盘工作界面右侧弹出焊盘属性设置对话框,如图 5-39 所示。

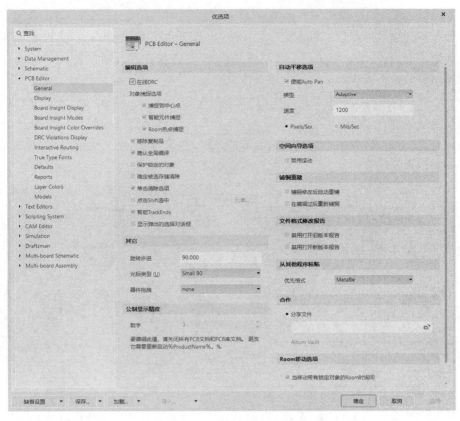

图 5-38　"优选项"对话框

（7）在"Designator"（指示符）文本框中的引脚名称分别为 b、c、e，3 个焊盘的坐标分别为 b(0,100)、c(-100,0)、e(100,0)，设置完毕的焊盘如图 5-40 所示。

图 5-39　设置焊盘属性

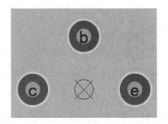

图 5-40　设置焊盘名称与位置坐标

(8) 绘制一段直线。单击工作区窗口下方标签栏中的"Top Overlay"(顶层覆盖)选项，将活动层设置为顶层丝印层。单击菜单栏中的"放置"→"线条"命令，光标变为十字形状，单击确定直线的起点，移动光标拉出一条直线，用光标将直线拉到合适位置，单击确定直线终点。单击鼠标右键或者按 Esc 键退出该操作，结果如图 5-41 所示。

(9) 绘制一条弧线。单击菜单栏中的"放置"→"圆弧(中心)"命令，光标变为十字形状，将光标移至坐标原点，单击确定弧线的圆心，然后将光标移至直线的任意一个端点，单击确定圆弧的直径。再在直线两个端点单击确定该弧线，结果如图 5-42 所示。单击鼠标右键或者按 Esc 键退出该操作。

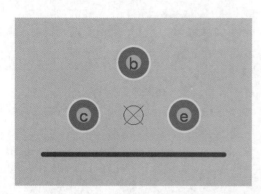

图 5-41　绘制一段直线

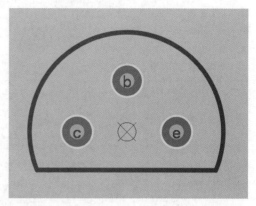

图 5-42　绘制一条弧线

设置元件参考点。在"编辑"菜单的"设置参考"子菜单中有 3 个命令，即"1 脚""中心"和"位置"。读者可以自己选择合适的元件参考点。

至此，手动创建的 PCB 元件封装就制作完成了。我们看到，在"PCB Library"(PCB 元件库)面板的元件列表中多出了一个 New-NPN 的元件封装，而且在该面板中还列出了该元件封装的详细信息。

5.3　元件封装检查和元件封装库报表

在"报告"菜单中提供了多种生成元件封装和元件库封装的报表的功能，通过报表可以了解某个元件封装的信息，对元件封装进行自动检查，也可以了解整个元件库的信息。此外，为了检查绘制的封装，菜单中提供了测量功能。

1. 元件封装中的测量

为了检查元件封装绘制是否正确，在封装设计系统中提供了 PCB 设计中一样的测量功能。对元件封装的测量和在 PCB 上的测量相同，这里不再赘述。

2. 元件封装信息报表

在"PCB Library"面板的元件封装列表中选择一个元件，单击菜单栏中的"报告"→"器件"命令，系统将自动生成该元件符号的信息报表，工作窗口中将自动打开生成的报表，以便用户马上查看。图 5-43 所示为查看元件封装信息时的界面。文件中给出了元件名称、所在的元件库、创建日期和时间，以及元件封装中各个组成部分的详细信息。

```
  PcbLib1.PcbLib    PcbLib1.CMP
   Component   : New-NPN
   PCB Library : PcbLib1.PcbLib
   Date        : 2022/8/2
   Time        : 7:30:56


   Dimension : 0.4 x 0.28 in

10 Layer(s)          Pads(s)  Tracks(s)  Fill(s)  Arc(s)  Text(s)
   ------------------------------------------------------------
   Multi Layer           3        0         0        0       0
   Top Overlay           0        2         0        1       0
   ------------------------------------------------------------
   Total                 3        2         0        1       0
```

图 5-43　查看元件封装信息时的界面

3. 元件封装错误信息报表

Altium Designer 20 提供了元件封装错误的自动检测功能。单击菜单栏中的"报告"→"元件规则检查"命令,系统将弹出如图 5-44 所示的"元件规则检查"对话框,在该对话框中可以设置元件符号错误的检测规则。

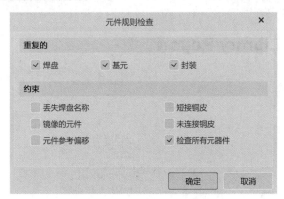

图 5-44　"元件规则检查"对话框

各选项的功能如下:

• 重复的选项组

"焊盘"复选框:用于检查元件封装中是否有重名的焊盘。

"基元"复选框:用于检查元件封装中是否有重名的边框。

"封装"复选框:用于检查元件封装库中是否有重名的封装。

• 约束选项组

"丢失焊盘名称"复选框:用于检查元件封装中是否缺少焊盘名称。

"镜像的元件"复选框:用于检查元件封装库中是否有镜像的元件封装。

"元件参考偏移"复选框:用于检查元件封装中元件参考点是否偏离元件实体。

"短接铜皮"复选框:用于检查元件封装中是否存在导线短路。

"未连接铜皮"复选框:用于检查元件封装中是否存在未连接的铜箔。

"检查所有元器件"复选框:用于确定是否检查元件封装库中的所有封装。保持默认设置,单击"确定"按钮,系统自动生成元件符号错误信息报表。

4. 元件封装库信息报表

单击菜单栏中的"报告"→"库报告"命令,弹出库报告设置对话框,如图5-45所示,单击"确定"按钮后系统将生成元件封装库信息报表。这里对创建的PcbLib1.PcbLib元件封装库进行分析,如图5-46所示。在该报表中,列出了封装库所有的封装名称和对它们的命名。

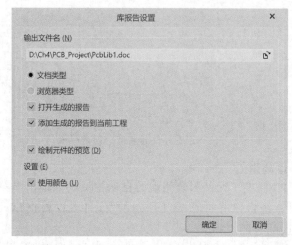

图 5-45 "库报告"设置对话框

Protel PCB Library Report

Library File Name   D:\Ch4\PCB_Project\PcbLib1.PcbLib
Library File Date/Time   2022年8月10 23:30:54
Library File Size   102912
Number of Components   1
Component List   New-NPN

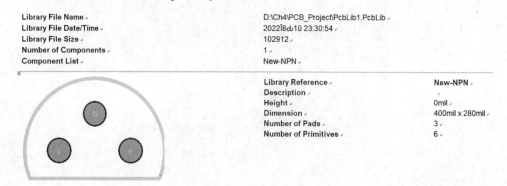

Library Reference   New-NPN
Description
Height   0mil
Dimension   400mil x 280mil
Number of Pads   3
Number of Primitives   6

图 5-46 元件封装库信息报表

5.4 创建项目元件库

5.4.1 创建原理图项目元件库

大多数情况下,在同一个项目的电路原理图中所用到的元件由于性能、类型等诸多特性不同,可能来自不同的库文件。在这些库文件中,有系统提供的若干个集成库文件,也有用户自己建立的原理图元件库文件。这样不便于管理,更不便于用户之间进行交流。

基于这一点,可以使用原理图元件库文件编辑器,为自己的项目创建项目元件库一个独立的原理图元件库,把本项目电路原理图中所用到的元件原理图符号都汇总到该元件库中,脱离其他的库文件而独立存在,这样就为本项目的统一管理提供了方便。

下面以设计项目"USB采集系统.PrjPCB"为例,介绍为该项目创建原理图元件库的操作步骤。

(1)打开项目"USB采集系统.PrjPCB"中的任一原理图文件,进入电路原理图的编辑环境。这里打开"Cpu.SchDoc"原理图文件。

(2)单击菜单栏中的"设计"→"生成原理图库"命令,系统自动在本项目中生成相应的原理图元件库文件,并弹出如图5-47所示的"Component Grouping"对话框。单击"OK"按钮,弹出如图5-48所示的"Information"对话框中,提示用户当前项目的原理图项目元件库"Cpu.SchLib"已经创建完成,共添加了13个库元件。

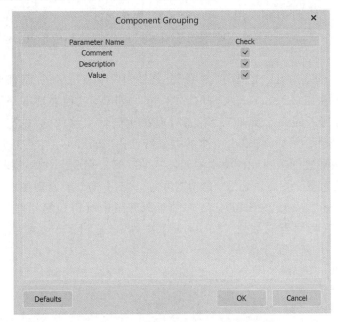

图5-47 "Component Grouping"对话框

(3)单击"OK"按钮,关闭该对话框,系统自动切换到原理图元件库文件编辑环境,如图5-49所示。在"Projects"(工程)面板中Libraries文件下已经建立了含有13个库元件的原理图项目元件库"USB采集系统.SCHLIB"。

图5-49 原理图元件库"USB采集系统.SCHLIB"

图5-48 "Information"对话框

（4）打开"SCH Library"（SCH 元件库）面板,在原理图符号名称栏中列出了所创建的原理图项目文件库中的全部库元件,涵盖了本项目电路原理图中所有用到的元件。如果选择了其中一个,则在原理图符号的引脚栏中会相应显示该库元件的全部引脚信息,而在模型栏中会显示该库元件的其他模型。

5.4.2　使用项目元件库更新原理图

建立了原理图项目元件库后,可以根据需要,很方便地对电路原理图中所有用到的元件进行整体的编辑、修改,包括元件属性、引脚信息及原理图符号形式等。重要的是,如果用户在绘制多张不同的原理图时多次用到同一个元件,而该元件又需要重新修改编辑时,用户不必到原理图中去逐一修改,只需要在原理图项目元件库中修改相应的元件,然后更新原理图即可。

在前面的电路设计项目"USB 采集系统. PrjPCB"中有 4 个子原理图,即"Sensor1. SchDoc""Sensor2. SchDoc""Sensor3. SchDoc""Cpu. SchDoc",而在前 3 个子原理图的绘制过程中,我们都用到了同一个元件"LM258",现在我们就来修改这 3 个子原理图中元件"LM258"的引脚属性。例如,将输出引脚的电气特性由"Passive"（中性）改为"Output"（输出）,可以通过修改原理图项目元件库中的元件"LM258"来完成。具体的操作步骤如下:

（1）打开项目"USB 采集系统. PrjPCB",并逐一打开 3 个子原理图"Sensor1. SchDoc""Sensor2. SchDoc"和"Sensor3. SchDoc"。3 个子原理图中所用到的元件"LM258",其输出引脚的"1 和 7"电气特性当前都处于"Passive"（中性）状态,图 5-50 所示为更新前原理图"Sensor1. SchDoc"中的一部分。

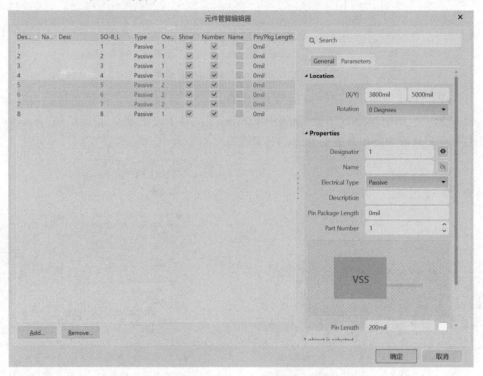

图 5-50　原理图文件"LM258"元件的引脚属性

（2）打开该项目下的原理图项目元件库"USB 采集系统．SchLib"，打开"SCH Library"面板，在该面板的原理图符号名称栏中，双击元件"LM258"名称，打开该元件属性如图 5-51 所示，进行相应引脚的编辑。双击任意引脚，进入元件引脚编辑界面，将输出引脚（1 引脚）的电气特性设置为"Output"（输出），将输出引脚（7 引脚）的电气特性也设置为"Outout"，并保存"USB 采集系统．SchLib"文件，如图 5-52、图 5-53 所示。

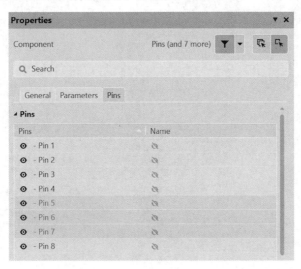

图 5-51　元件库"LM258"元件的引脚属性

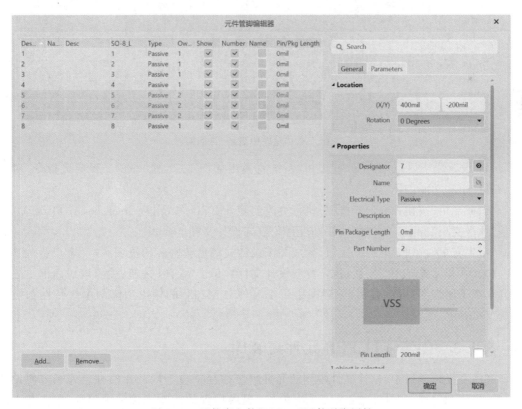

图 5-52　元件库文件"LM258"元件引脚属性

（3）回到任意原理图界面，单击菜单栏中的"工具"→"从库更新"命令，系统将弹出如图 5-53 所示的"从库中更新"对话框。在"原理图图纸"列表框中选择要更新的原理图，在"设置"选项组中对更新参数进行设置，在"元件类型"列表框中选择要更新的元件。设置完毕后，单击"下一步"按钮，系统将弹出如图 5-54 所示的对话框。

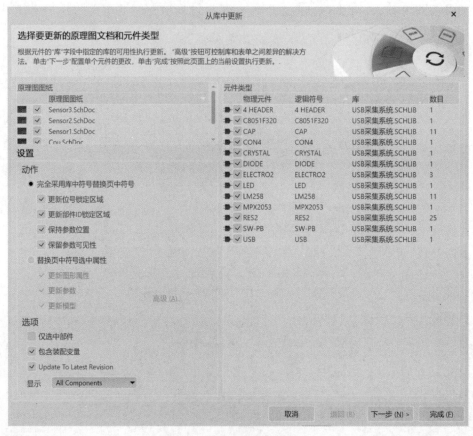

图 5-53　"从库中更新"对话框

（4）设置完毕后，单击"完成"按钮，系统将弹出如图 5-55 所示的"工程变更指令"对话框。各按钮的功能如下。

"验证变更"按钮：单击该按钮，执行更改前验证 ECO(Engineering Change Order)。

"执行变更"按钮：单击该按钮，应用 ECO 与设计文档同步。

"报告变更"按钮：单击该按钮，生成关于设计文档更新内容的报表。

（5）单击"执行变更"按钮，执行更新设计文件。单击"关闭"按钮，关闭该对话框。逐一打开 3 个子原理图，可以看到，原理图中每个元件"LM258"的输出引脚的电气特性都被更新为"Output"。

5.4.3　创建项目 PCB 元件封装库

在一个设计项目中，设计文件用到的元件封装往往来自不同的库文件。为了方便设计文件的交流和管理，在设计结束时，可以将该项目中用到的所有元件集中起来，生成基于该项目的 PCB 元件库文件。

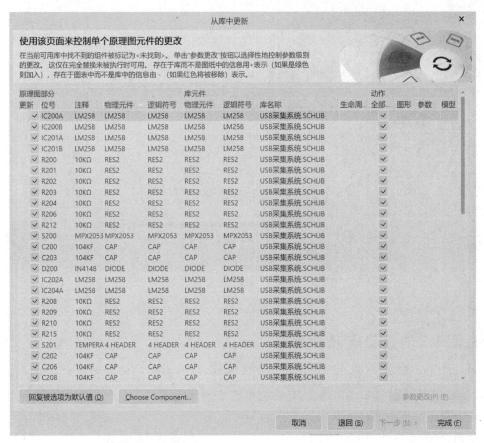

图 5-54　"从库中更新"下一步界面

图 5-55　"工程变更指令"对话框

以 PCB 文件"LED 显示电路.PcbDoc"为例,创建一个集成元件库。

首先打开已经设计完成的 PCB 文件,进入 PCB 编辑器,单击菜单栏中的"设计"→"生成 PCB 库"命令,系统会自动生成与该设计文件同名的"LED 显示电路 1.PcbLib"库文件。同时新生成的 PCB 库文件会自动打开,并置为当前文件,在"PCB Library"面板中可以看到其元件列表,如图 5-56 所示。

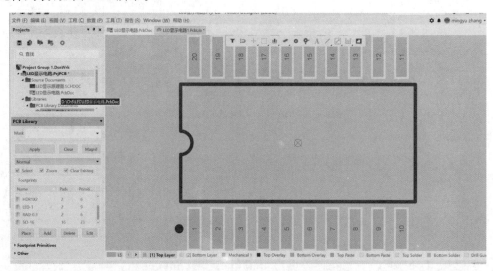

图 5-56 "LED 显示电路 1. PcbLib"库文件

5.4.4 创建集成元件库

Altium Designer 20 提供了集成形式的库文件,将原理图元件库和与其对应的模型库文件,如 PCB 元件封装库、SPICE 和信号完整性模型等集成到一起。集成库文件极大地方便了用户设计过程中的各种操作。

下面,以前面设计的 PCB 文件"PCB_Library. PcbDoc"为例,创建一个集成元件库。文件夹中的原理图元件库文件"PCB_Library. SchLib"和 PCB 元件封装库文件"PCB_Library. PCBLIB",新生成的文件也都保存在该路径下。具体的操作如下。

单击菜单栏中的"文件"→"新的"→"库"→"集成库"命令,如图 5-57 所示。创建一个新的集成库文件包项目,并保存为"New-IntLib. LibPkg"。该库文件包项目中目前还没有文件加入,需要在该项目中加入原理图元件库和 PCB 元件封装库。

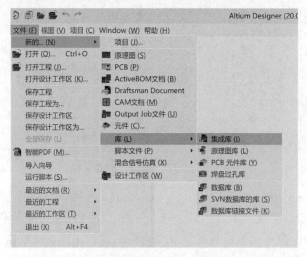

图 5-57 创建新的集成库文件包项目

在"Projects"面板中,右击"New_IntLib. LibPkg"选项,在弹出的右键快捷菜单中单击"添加已有文档到工程"命令,系统弹出到前述的文件夹下(需要选择文件类型),打开"PCB_Library. SchLib"。用同样的方法再将"PCB_Library. PCBLIB"加入项目中。

单击菜单栏中的"项目"→"Compile Integrated Library New-IntLib. LibPkg"(编译集成库文件)命令,编译该集成库文件。编译后的集成库文件"New-IntLib. IntLib"将自动加载到当前库文件中,在元件库面板中可以看到,如图5-58所示。

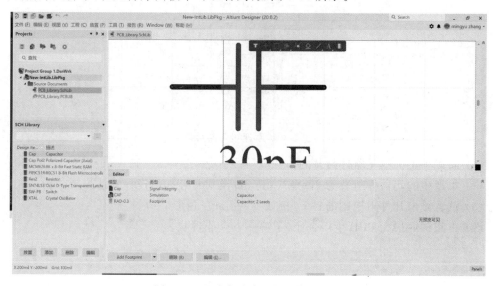

图 5-58　生成集成库并加入当前库中

单击"Panels"中"Messages"(信息)选项,可以检查是否还有错误信息,若有错误,则按照提示进行修改后,不断重复上述操作,直至编译无误,这个集成库文件就算制作完成了。如图5-59所示,表明编译成功,无错误。

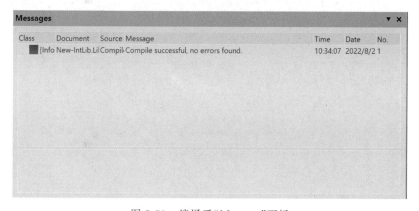

图 5-59　编译后"Message"面板

本章习题

(1) 新建一个元器件库,并放置"实用"工具栏中的所有命令符号。

(2) 新建一个元器件库,放置"模式"工具栏中的所有命令符号。

（3）画出几种不同外形的元件。

（4）进行不同工作区大小的设置，并对工作区面板的颜色进行设置。

（5）根据本章内容，制作如图 5-60 所示的原理图元件封装。

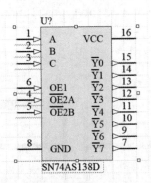

图 5-60　原理图元件封装

（6）简述手工创建元器件封装的步骤。

（7）本章中的元器件封装为 2D 模式，其 3D 模式封装如何设计？请拓展分析。

（8）试着做出几种不规则的封装，例如 T 字形、三角形。

（9）查阅国内最大 PCB 生产企业，了解一下企业现状。

第 6 章

高速电路设计功能

本章知识点：

1. 掌握高速电路的概念。
2. 掌握 Altium Designer 20 扇出和等长线的设计功能。
3. 掌握 Altium Designer 20 的阻抗计算匹配和层叠。

随着电路处理信号频率的提高，使得传输线对该频率表现的阻抗可以影响该信号。在高速和射频电路中，对 PCB 产品的设计要求也越来越高，产品质量的把控也逐渐地转移到对 EMC 的控制上。其中，在高速多层 PCB 设计上，因阻抗不连续或不匹配而导致的反射等现象是影响高速信号不稳定的主要因素，为了能够尽量减少因阻抗不匹配导致的反射等信号完整性缺失的问题，有必要在设计高速或射频电路上进行阻抗计算和匹配。本章主要介绍高速电路的概念以及常用的操作技巧。

6.1 高速电路概念

6.1.1 高速电路

狭义的理解是，通常认为数字逻辑电路的频率达到或者超过 50MHz，而且工作在这个频率之上的电路已经占到了整个电子系统相当的分量，例如 1/3，就称为高速电路。而实际上，信号边沿的谐波频率比信号本身的频率高，信号快速变化的上升沿与下降沿引发了信号传输的各种问题。所以，当信号所在的传输路径长度大于 1/6 倍传输信号的波长时，信号被认为是高速信号；当信号沿着传输线传播，发生了严重的趋肤效应和电离损耗时，认为是高速信号。因此，通常约定如果电路板上信号的传播延迟大于一半数字信号驱动端的上升时间，则认为此类信号是高速信号并产生传输线效应，这样的电路就是高速电路。

6.1.2 高速与高频区别及联系

此外，还有一个容易产生混淆的是"高频电路"的概念，"高频"和"高速"有什么区别呢？对于高频这个概念理解起来比较简单，它只是对频率的一种描述，频率是周期的倒数，高频是高频率、短周期的表述。

再说高速这个概念,回归到速度的概念,速度是表征运动快慢的物理量,在物理学里是位移对时间的微分,也就 dS/dt。同样可以应用在电路中,指的是电位移对时间的微分,表征为电压变化的快慢,也就 dV/dt,通常我们会表述为上升时间。所以,高速电路是电压变化快、上升时间短的表述。在电路系统中,上升时间的大小对于信号完整性的影响非常大,也是引起信号完整性问题的根源所在。以至于信号完整性分析基本上都是围绕 dV/dt 来分析和讨论的,而不是对于周期来讨论,这也是高速与高频的本质区别。

所以,从上面对两个概念的描述可以了解到,高频与高速并没有直接的关系。可以正反举几个例子。例如,当一个时钟信号的频率为 50MHz,上升时间为 90ps,那么它不是一个高频信号,但它是一个高速信号,也就是频率不高,但上升沿快。又比如,频率为 500MHz,上升时间为 0.8ns,那么它与上例中信号相比较,频率要高很多,但速度却远比上例的信号低。所以,我们说,信号的高频与高速之间没有关系。

大家通常会将这两个概念混淆正是因为二者存在千丝万缕的联系。具体来说,就是随着频率的升高,周期减小,所带来的结果是,我们必须把速度做高,原因是我们必须保证足够的建立时间与保持时间。随着周期的压缩,要想有足够的建立时间与保持时间,就只能使上升时间与下降时间缩短,以此来满足信号的时序有效性的要求。举个例子,一个信号的频率为 100MHz,即周期为 10ns,上升时间与下降时间分别为 1ns,这样信号的有效采样时间窗口为 $10-1-1=8$ns。如果此信号的频率提高到 200MHz 时,保持上升时间与下降时间不变,采样窗口就变成了 $5-1-1=3$ns,而且随着频率的继续升高,采样窗口会继续降低,极端情况会导致无法正确地采样,于是就迫使上升时间与下降时间减小,来满足越来越高的采样时钟频率。综上,频率的升高必然迫使速度的提高,高频电路的进化导致了高速电路,高频与高速之间是充分条件,而不是必要条件。另外,在信号完整性的分析过程中,一般着重强调的是高速电路。

6.2 Altium Designer 20 高速电路设计功能

随着器件引脚密度和系统频率的增加,PCB 布板越来越复杂,Altium Designer 20 为高速电路设计提供了辅助功能,本节介绍在高速设计中常用的几种功能。

6.2.1 扇出功能

PCB 扇出(Fanout)与数字系统中的概念不同,它指的是一个过程,就是将某个元器件引脚走出一小段线,再打一个过孔结束(这个过孔通常会连接到平面层,当然也可以是信号线)的这个过程。扇出功能适用于复杂的 PCB 设计,特别是对带有 BGA 封装芯片的 PCB 主板,扇出操作是必不可少的。芯片的扇出操作可以分为两种:一种是手动自行扇出;另一种是利用扇出命令,快速扇出。对于引脚数量较少,并且需要适应于不同网络走线时,应该采用第一种扇出方式。

元器件能够正常扇出的条件:为满足元器件内部的引脚间距与网络、过孔之间的最小间距要求,必须将元器件内部的线宽和间距调整到合适的大小,目前主流的 BGA 芯片,其焊盘间距最小可以达到 0.4mm 左右,因此需要采用盲孔或者半盲孔才能满足正常的扇出走线;扇出过孔,内径和外径必须满足芯片内部焊盘与焊盘之间的最小间距,目前主流的

BGA 芯片扇出,要求过孔应该满足内/外直径达到 8/12mil。

通常情况下,BGA 的内部引脚密度较高,按照绝大部分的 PCB 板厂 6mil 的最小线宽生产加工工艺无法满足要求,需要将 BGA 内部的线宽和间距修改至 4mil,然而很多 PCB 主板除了 BGA 以外,其他的元器件内部的密度并不高,采用 6mil 的加工工艺也可以满足 PCB 主板的设计要求。故此,只有 BGA 等高密度芯片的局部部位要求更高的加工工艺,为满足不同区域不同线宽(等规则)的要求,可以混合使用 Room 规则来满足相关要求。结合软件特点,本节以一个封装为 FG676 类型的元器件扇出为例演示效果。

1. 新建 PCB 文件

打开 Altium Designer 20 软件后,执行"文件"→"新的"→"PCB",新建 PCB1 文件并保存到默认位置。弹出对话框如图 6-1 所示。

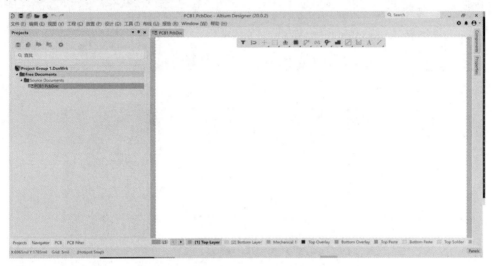

图 6-1 新建 PCB1 文件

2. 打开器件对话框

执行"放置"→"器件"命令,弹出"Components"面板,如图 6-2 所示。

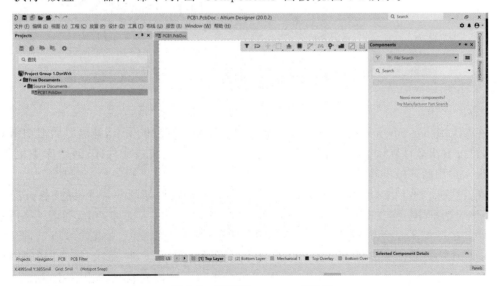

图 6-2 打开"Components"面板

3. 加载元件库

单击右侧弹出的"Components"面板的右上快捷按钮,如图 6-3 所示,弹出对话框如图 6-4 所示,选择"File-based Libraries Preferences"(库文件参数)命令,弹出如图 6-5 所示"Available File-based Libraries"(可用库)对话框。

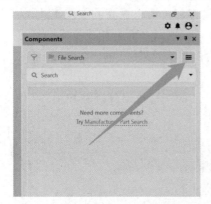

图 6-3 器件面板的快捷键视图

图 6-4 快捷菜单

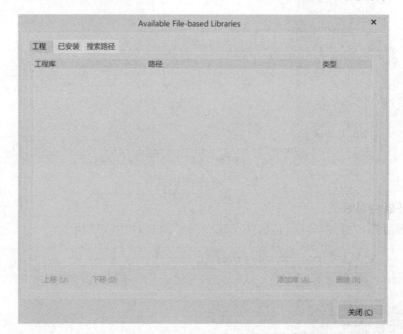

图 6-5 "Available File-based Libraries"对话框

在"Available File-based Libraries"对话框中选择"已安装"选项卡,弹出对话框如图 6-6 所示,可以看出软件默认存在两个库,分别是集成连接器库和集成元件库,两个库中主要集成了很多常用的连接器和元件等。

在"已安装"选项卡,单击右下角的"安装"按钮,系统弹出如图 6-7 所示的"打开"对话框,在该对话框中选定 Xilinx 文件,单击右下角"打开"按钮,进入文件夹中,如图 6-8 所示,单击"Xilinx Spartan-3AN"文件后,单击"打开"按钮,返回安装视图,如图 6-9 所示,此时完成该元件库的加载。如果需要卸载元件库,在该视图中选中库文件,单击"删除"按钮即可。此时单击对话框右下角的"关闭"按钮,退回到"Components"面板状态,如图 6-10 所示。

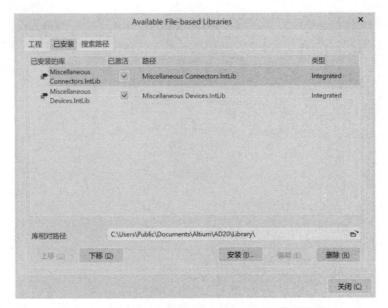

图 6-6 "Available File-based Libraries"已安装视图

图 6-7 "打开"对话框

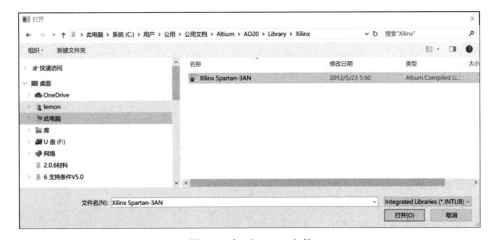

图 6-8 打开 Xilinx 文件

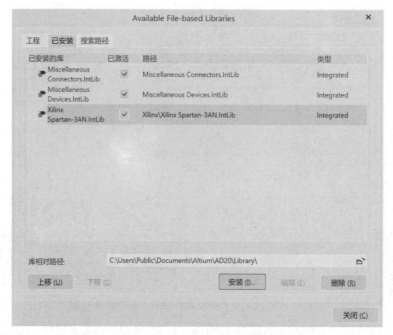

图 6-9　加载"Xilinx Spartan-3AN"的已安装视图

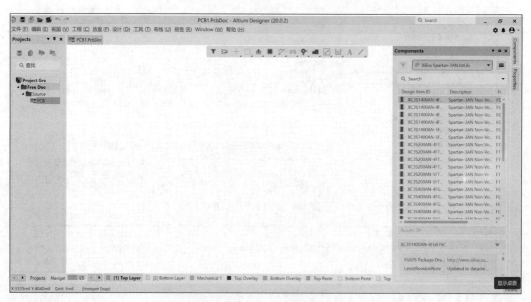

图 6-10　返回到"Components"面板状态

4. 放置元件封装

单击右侧"Components"面板的右上元件库切换图框,如图 6-11 所示,选择"Xilinx Spartan-3AN"元件库,如图 6-12 所示,选择 XC3S1400AN-4FG676C 元件,放置到 PCB1 文件中,调整到合适大小,如图 6-13 所示。

5. 设置约束规则

在 AD 20 软件主菜单中执行"设计"→"规则"命令,弹出"设计规则检查器"对话框,如图 6-14 所示。

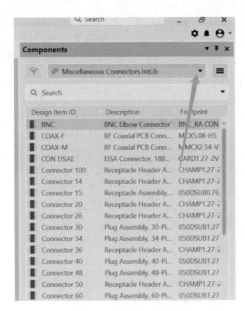

图 6-11 元件库切换图框

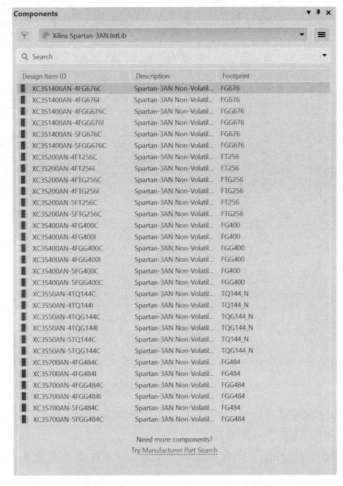

图 6-12 "Xilinx Spartan-3AN"元件库

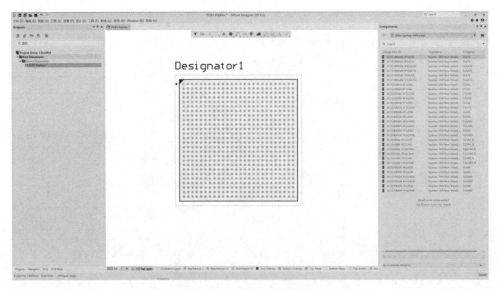

图 6-13　FG676 元件视图

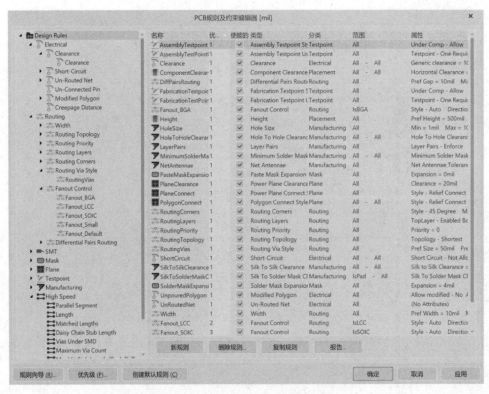

图 6-14　"设计规则检查器"对话框

单击"设计规则检查器"对话框中的"Electrical"→"Clearance"→"Clearance",设置最小间距为 4mil,弹出如图 6-15 所示的界面。

单击对话框中的"Routing"→"Width"→"Width",设置最小宽度为 4mil,首选宽度为 5mil,弹出如图 6-16 所示的界面。

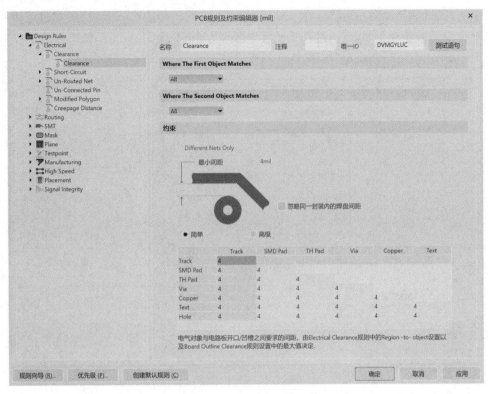

图 6-15　设置安全距离

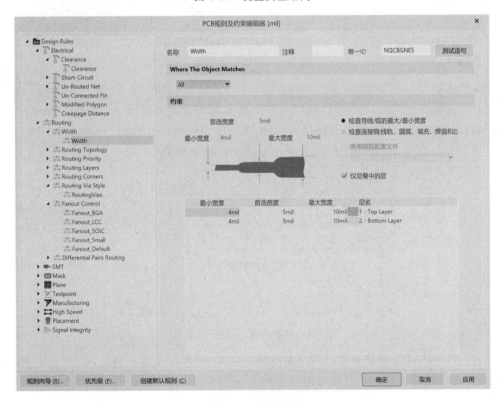

图 6-16　设置线宽

单击对话框中的"Routing"→"Routing Vias Style"→"Routing Vias",设置过孔直径最小宽度为16mil,优先为20mil;过孔孔径大小最小为8mil,优先为8mil,弹出如图6-17所示的界面。单击"应用"→"确定"按钮,完成约束设置。

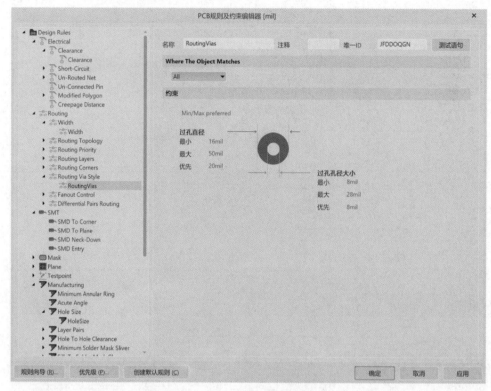

图6-17　设置孔径参数

6. 元件扇出

执行"布线"→"扇出"→"器件"命令,弹出扇出选项设置对话框,如图6-18所示。按照图示执行参数选项,单击"确定"后,单击元件,执行扇出命令,最后扇出效果如图6-19所示。

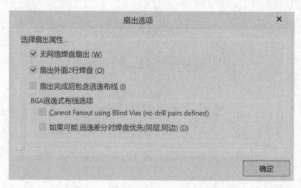

图6-18　"扇出选项设置"对话框

特殊情况下,通常最外2层的焊盘有电源网络等,也可以选择不扇出,即不勾选"扇出外面2行焊盘",此时执行扇出后效果如图6-20所示。

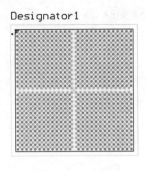
图 6-19 扇出效果

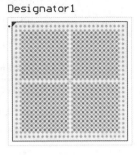
图 6-20 最外 2 层不扇出效果

6.2.2 等长线设置

等长布线是为了减少信号相对延时,常用在高速存储器的地址、控制线和数据线上。简单来说,等长线的作用就是让信号传输的速度一致。目前,主流上需要做等长处理的有DDR、USB 差分等信号。主频速度越高,对等长、阻抗等要求则越严格。

Altium Designer 20 在执行等长线操作时需要满足以下两个前提条件:一是需要处理等长的网络线必须已经连通;二是需要等长的网络线必须与其他网络之间留有相应的间距。

等长线操作步骤如下:

(1) 先将需要等长的网络线连通,如图 6-21 所示。

(2) 调用等长线命令,"布线"→"网络等长调节"点选需要等长的网络线,并沿网络拉伸一定距离,此时会按照默认的等长参数进行自动蛇形走线,如图 6-22 所示。

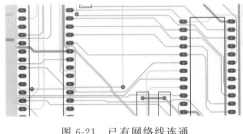
图 6-21 已有网络线连通

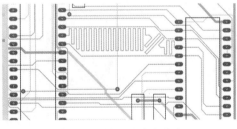
图 6-22 等长线命令执行

(3) 按下 Tab 键,调出"Properties"面板,如图 6-23 所示,可以对等长参数进行设置。如目标长度参数,该参数用于在调整布线长度时,提供一个参考,越接近该长度的网络线,则越良好;等长线参数调整,可以看到共有 3 种类型,包括步长、振幅和拐角大小等参数。在很多实际工作中,等长处理是相当有必要的,但并非需要绝对等长或者分毫不差的等长,可以根据实际情况来合理安排等长,因此不要为了等长而等长。

6.2.3 阻抗计算

在具有电阻、电感和电容的电路里,电路中的电流所起的阻碍作用叫作阻抗。阻抗在计算中常用 Z 表示,它是一个复数,实部称为电阻,虚部称为电抗,其中电容在电路中对交流电所起的阻碍作用称为容抗,电感在电路中对交流电所起的阻碍作用称为感抗,电容和电感在电路中对交流电引起的阻碍作用总称为电抗。

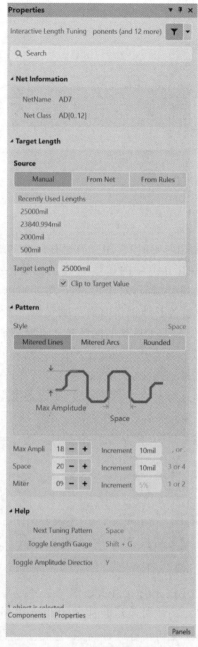

图 6-23　等长线属性

阻抗的单位是欧姆。阻抗的概念不仅存在于电路中,在力学的振动系统中也有涉及。

根据阻抗的类型,可以分成如下几种:

(1) 特性阻抗:在计算机、无线通信等电子信息产品中,PCB 线路中传输的能量是一种由电压与时间所构成的方形波信号(squarewave signal,称为脉冲),它所遭遇的阻力则称为特性阻抗。

(2) 差动阻抗:驱动端输入极性相反的两个同样信号波形,分别由两根差动线传送,在接收端这两个差动信号相减。差动阻抗就是两线之间的阻抗。

（3）奇模阻抗：两线中一线对地的阻抗，两线阻抗值一致。

（4）偶模阻抗：驱动端输入极性相同的两个同样信号波形，将两线连在一起时的阻抗。

（5）共模阻抗：两线中一线对地的阻抗，两线阻抗值一致，通常比奇模阻抗大。

其中，特性阻抗和差动阻抗是常见类型，其他类型遇到的不多。阻抗的表达式，它是一个复数：

$$Z = R + i\left(\omega L - \frac{1}{\omega C}\right)$$

说明：负载是电阻、电感的感抗、电容的容抗，3 种类型的复合后统称"阻抗"，其中 R 为电阻，ωL 为感抗，$\frac{1}{\omega C}$ 为容抗。如果虚部为正，称为"感性负载"；反之，虚部为负，称为"容性负载"。

特性阻抗是一种特殊的阻抗，在高速电路设计中，特性阻抗和差动阻抗的设计类似，这里只介绍特性阻抗。特性阻抗，又称"特征阻抗"，它不是直流电阻，属于长线传输中的概念。在高频范围内，信号在传输过程中，信号到达的地方，信号线和参考平面（电源或地平面）间由于电场的建立会产生一个瞬间电流，如果传输线是各向同性的，那么只要信号在传输，就始终存在一个电流 I；如果信号的输出电平为 V，在信号传输过程中，传输线就会等效成一个电阻，大小为 V/I；把这个等效的电阻称为传输线的特性阻抗 Z。

如果在信号传输过程中，因介质或其他因素导致阻抗不连续，就会引起反射现象。反射是信号完整性分析中非常重要的一个因素，它会导致高速或射频电路中信号的失真，因此研究阻抗的目的就是进行阻抗匹配。只有进行阻抗匹配，信号才不会出现反射等现象。

影响特性阻抗的因素有很多，其中重要的是层叠设计，在下文的层叠内容中将重点介绍层叠的相关知识。

通常 USB、DDR 等电路都要求进行阻抗匹配，这时需要利用一些软件如英国 POLAR 公司的 Si9000 等进行阻抗设计计算，最终根据 PCB 的层压结构，得到 PCB 布线时的线宽、间距等数据，然后再利用规则约束进行布线。

需要特别强调，特性阻抗需要进行匹配的那一层，一定要在上下层有一个完整的参考面，参考面可以是 GND，也可以是 VCC。

6.2.4 PCB 层叠设计

理解特性阻抗产生的原因，就能明白在高速板设计中，层叠是至关重要的。如果需要某网络有阻抗，并且该阻抗需要精确计算，则应当给它选择合理的参考平面，并且参考平面应当连续。此外，在设计 PCB 电路之前，还应当先根据电路的规模、电磁兼容（Electromagnetic Compatibility，EMC）等要求确定电路板结构，也就是确定采用 4 层、6 层还是更多层结构。PCB 层叠结构是影响 PCB EMC 性能的一个重要因素，也是抑制电磁干扰的一个手段。

在 Altium Designer 软件中，以新建的空文件 PCB1 为例，设置成六层板。具体操作如下：

（1）单击菜单"设计"→"层叠管理器"，启动层叠管理器，弹出如图 6-24 所示的界面。系统默认为双层板。

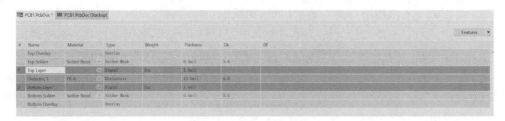

图 6-24　层叠管理器界面

（2）在 Top Layer 上单击右键，执行"Insert Layer below"→"Signal"，插入两层信号层，执行后界面如图 6-25 所示。

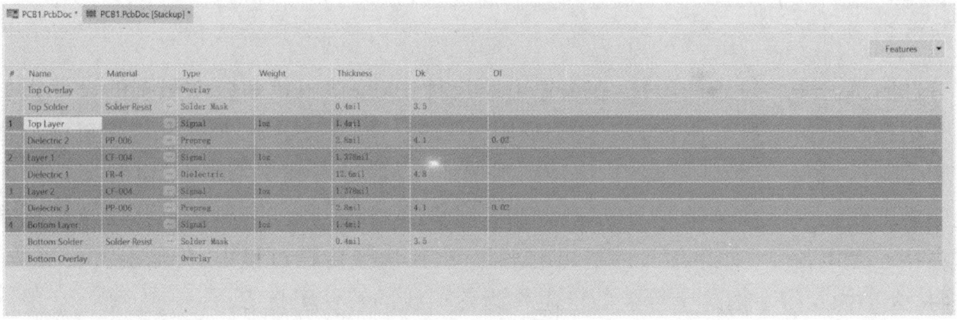

图 6-25　插入两层信号层

（3）在 Top Layer 上单击鼠标右键，执行"Insert Layer below"→"Plane"，插入两层平面层，执行后界面如图 6-26 所示。

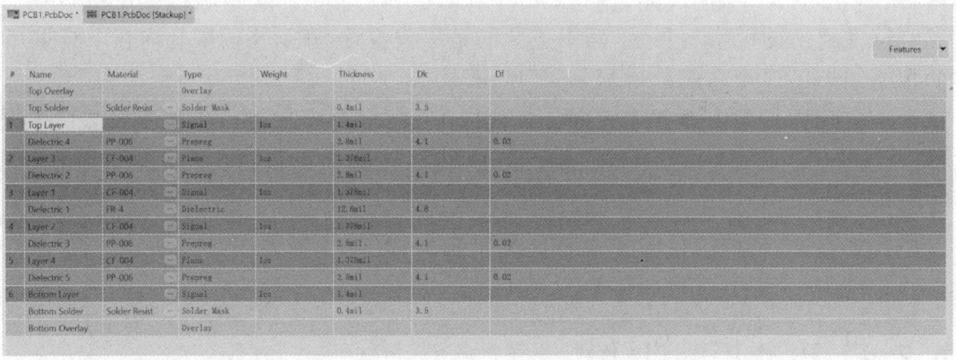

图 6-26　继续插入两层平面层

上述 6 层板在 PCB 的最上层，分别是 Top Overlay 和 Top Solder，可以认为是绿油层，该层在 EMC 性能分析中属于弱干扰因素。

从第 1 层到第 6 层，层与层之间夹杂的绝缘材质通常有 Prepreg（类似于黏合剂＋绝缘体）和芯板类型，分别简称为 PP 材料和 Core 材料。在 PCB 的生产工艺中，通常由基材、PP 材料和铜板等组成，芯板材料就是表面均含铜皮的合成材料，可以理解为一个 2 层主板。如果是多层板结构，可以由多个芯板通过 PP 材料胶粘在一起，外表面再贴上铜皮组成。不同的板厂有不同的生产工艺，建议参考具体的板厂生产参数。

PP 材料的种类有很多，不同的介质材料具有不同的介电常数，一定要结合厂家的具体生产工艺进行处理。

在层叠结构中,对阻抗计算有影响的参数如下:

(1)铜厚,即走线层铜皮厚度,通常使用单位盎司(Oz,1Oz≈28.3g)。它的含义是:一平方英尺的面积上铺上1Oz铜后的厚度,就是1Oz。虽然Oz是重量单位,但这里采用了归一化方案,变成了厚度单位。行业目前通常使用0.5Oz、1Oz和2Oz等,对应的板层厚度分别为$17\mu m$、$35\mu m$和$70\mu m$。

因铜皮存在厚度,因此在具体加工时,每一根网络线并不是方方正正的,而是从横截面上看过去是一个梯形,铜皮厚度越大,这个梯形的上底和下底的长度之差越大。

(2)线宽该参数与特性阻抗成反比,线宽越大特性阻抗值越小,行业多层板3.5mil,单双面板5mil。

(3)线间距,行业可以达到3.5mil。

(4)介质厚度。

(5)介电常数。

(6)其他影响因素,除上述影响因素以外,还有绿油层的厚度等。

表6-1、表6-2列出了4层板和6层板层叠设置推荐的几种方案,可供参考。

表6-1 4层层叠结构

层 叠	方 案 1	方 案 2	方 案 3	方 案 4
Layer 1	Signal	VCC	GND	Signal
Layer 2	GND	Signal	Signal	GND
Layer 3	VCC	Signal	VCC	GND
Layer 4	Signal	GND	Signal	Signal

表6-2 6层层叠结构

层 叠	方 案 1	方 案 2	方 案 3	方 案 4
Layer 1	Signal	Signal	GND	Signal
Layer 2	GND	Signal	Signal	GND
Layer 3	Signal	VCC	VCC	Signal
Layer 4	Signal	GND	Signal	VCC
Layer 5	VCC	Signal	GND	GND
Layer 6	Signal	Signal	Signal	Signal

其他更多层的层叠结构这里就不再列出了,可以从上述层叠结构进行对比设计。虽然不同的设计师有不同的层叠方案,最终采用哪一种方案是需要结合实际开发情况来决定,但可以简单地通过以上几种方案进行对比。

本章习题

(1)寻找FG484封装,并进行扇出操作。

(2)建立一个常用的8层层叠结构。

(3)大家查阅或者自己制作出一款具有创新创意的PCB作品。

第 **7** 章

电路仿真技术

本章知识点:

1. 掌握电路仿真的基本知识。

2. 掌握仿真分析参数设置。

3. 掌握电路仿真方法。

Altium Designer 20 官方对本软件的仿真功能做了简单说明,概述了 Altium Designer 在仿真工作中的必要条件和基本步骤。Altium Designer 的混合电路信号仿真工具,在电路原理图设计阶段实现对数模混合信号电路的功能设计仿真,配合简单易用的参数配置窗口,完成基于时序、离散度、信噪比等多种数据的分析。

虽然 Altium Designer 支持仿真功能,但在业内使用该功能的设计人员本不是很多,相应的企业或者公司也并不是将该仿真功能作为首要仿真工具,建议对此有需要的读者,可以详细参考本章案例。一般通常用到的电路仿真软件还包括 LTspice、Multisim、Proteus、Electronic Workbench 等。

7.1 电路仿真的基本概念

电路仿真是指用户直接利用 EDA 软件所提供的功能和环境,对所设计电路的实际运行情况进行模拟的过程。通过电路仿真可以模拟出实际功能,然后通过分析改进,从而实现电路的优化设计。

在具有仿真功能的 EDA 软件出现之前,设计者为了对自己所设计的电路进行验证,一般是使用面包板来搭建实际的电路系统,然后对此关键的电路结点进行逐点测试,通过观察示波器上的测试波形来判断相应的电路部分是否达到了设计要求。如果没有达到,则需要对元器件进行更换,有时甚至要调整电路结构,重建电路系统,再进行测试,直到达到设计要求为止。整个过程冗长而烦琐,工作量非常大。随着仿真软件的出现,可以把上述过程全部搬到计算机中。同样要搭建电路系统(绘制电路仿真原理图)、测试电路结点(执行仿真命令),而且也同样需要查看相应结点(中间结点和输出结点)处的电压或电流波形,依此作出判断并进行调整。只不过这一切都将在软件仿真环境中进行,过程轻松,操作方便,只需要借助于一些仿真工具和仿真操作可快速完成,极大提高了工作效率。

仿真中涉及的几个基本概念如下:

(1) 仿真元器件。用户进行电路仿真时使用的元器件,要求具有仿真属性。

(2) 仿真原理图。用户根据具体电路的设计要求,使用原理图编辑器及具有仿真属性的参数范围,对整个系统元器件所绘制而成的电路原理图。

(3) 仿真激励源。用于模拟实际电路中的激励信号。

(4) 结点网络标签。对电路中要测试的多个结点,应该分别放置一个有意义的网络标签名,便于查看每个结点的仿真结果(电压或者电流波形)。

(5) 仿真方式。Altium Designer 20 软件提供了 12 种不类型的仿真方式,每种方式下具有相应的参数设定,用户应根据具体的电路要求选择合适的仿真方式。

(6) 仿真结果。仿真结果一般以波形的形式给出,通常可以获得元器件的电压、电流、功耗波形等。

7.2　电路仿真条件及通常步骤

由于 Altium Designer 20 要进行电路仿真,但是"设计"→"仿真"下的命令显示为空,这是因为系统仿真缺少插件,需要把 Mixed Simulation 这个插件添加到软件中,通常解决方法如下:

(1) 单击 Altium Designer 20 右上角的"当前用户信息"快捷图标,如图 7-1 所示,单击后界面如图 7-2 所示,选择"Extensions and Updates"命令,弹出扩展更新界面,如图 7-3 所示,会发现安装的内容下 System Extensions 里面只有一个 Signal Integrity Analysis,需要添加一个 Mixed Simulation 插件。

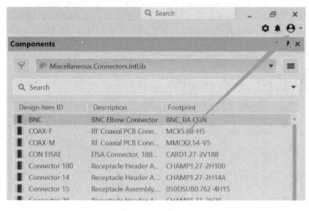

图 7-1　"当前用户信息"快捷图标　　　　　图 7-2　进入当前用户信息界面

(2) 单击 Altium Designer 20 右上角的"优选项"快捷图标,进入"优先项"对话框,如图 7-4 所示;在"System"中进入"installation"界面,如图 7-5 所示,选择全球安装服务下的"您应该登录 Portal",如果没有登录会提示需要登录,如果没有账号需要注册。

(3) 登录之后,可以发现右上角显示用户本人的用户名,如图 7-6 所示,单击"应用"之后回到扩展更新界面,单击中间的"购买的",单击刷新按钮之后就会出现如图 7-7 所示界面。

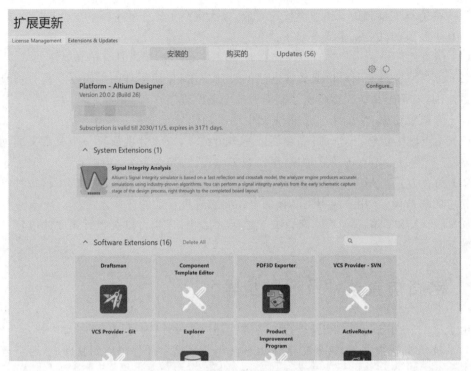

图 7-3 扩展更新中"安装的"界面

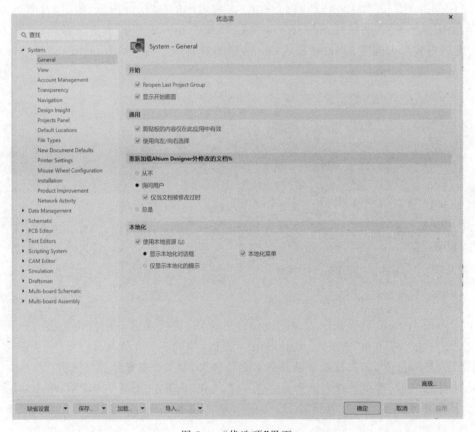

图 7-4 "优选项"界面

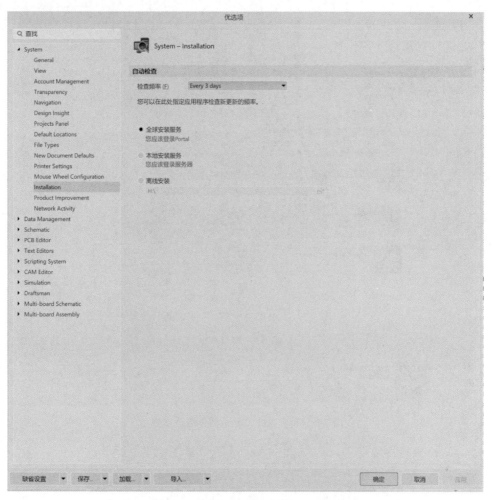

图 7-5　优选项中的"Installation"界面

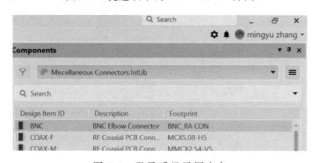

图 7-6　登录后显示用户名

（4）鼠标放置在"Mixed Simulation"条框上，会显示右上角的下载图标，单击该图标，下载插件，开始下载后，会在右上角会显示下载进度条，如图 7-8 所示。

（5）安装后，弹出软件重启提示对话框，如图 7-9 所示。单击"Yes"按钮，软件重新启动，类似步骤（1）操作，进入扩展更新界面，会发现安装的内容下 System Extensions 里面已经添加好 Mixed Simulation 插件，如图 7-10 所示。此时，即可正常完成软件的仿真操作。注：正版的 AD 软件才能下载此仿真插件，破解的软件不能实现混合仿真的功能。

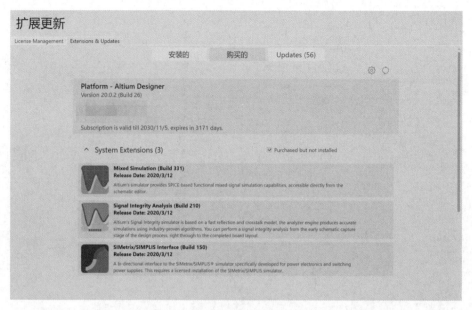

图 7-7　扩展更新中"购买的"界面

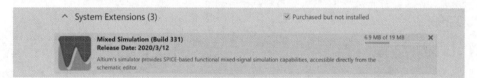

图 7-8　下载插件中显示的下载进度条

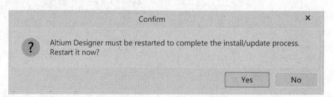

图 7-9　软件重启对话框

图 7-10　添加 Mixed Simulation 插件后的扩展更新界面

Altium Designer20 由于采用集成库技术,原理图符号包含了对应的仿真模型,因此可以在原理图中直接进行电路仿真,通常进行仿真的基本步骤如下:

(1) 装载与电路仿真相关的元器件库;

(2) 在电路中放置仿真元器件(该元器件必须带有仿真模型);

(3) 绘制仿真电路图,其方法与绘制原理图一致;

(4) 在仿真电路图中添加仿真电源和激励源;

(5) 设置仿真结点及电路的初始状态;

(6) 对仿真电路原理图进行 ERC 检查,以此改正错误;

(7) 设置仿真分析的参数;

(8) 运行电路仿真得到仿真结果;

(9) 修改仿真参数或更换元器件,重复步骤(5)~(8),直至获得满意结果。

7.3 电路仿真电源及激励源

Altium Designer 20 软件提供了多种电路仿真电源和仿真激励源,库文件存储在默认 Library 文件中 Simulation 文件里的 Simulation Sources. Inlib 集成库中,激励源默认为理想的激励源,即电压源的内阻为零,电流源的内阻为无穷大。通常仿真激励源就作为仿真时输入到仿真电路的测试信号,常用的仿真电源与仿真激励源有直流电压源、直流电流源、正弦信号激励源、周期脉冲源、分段线性激励源、指数激励源和单频调频激励源等。本书以直流电压激励源和直流电流源为例介绍激励源的设置方法,具体操作如下:

(1) 新建一个原理图文件,另存为"power. SchDoc"文件。

(2) 在"Components"面板中单击右上角的 ▤ 操作图标,在弹出的快捷菜单汇总选择 "File-based Libraries Preferences"(库文件参数)命令,则系统弹出"Available File-based Libraries"(可用库文件)对话框。如图 7-11 所示。

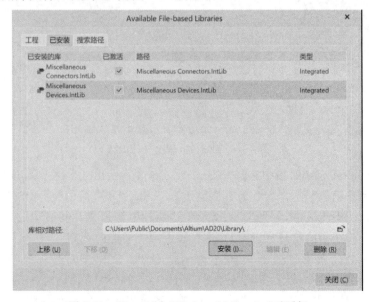

图 7-11 "Available File-based Libraries"对话框

（3）单击"安装"按钮，在弹出的文件中选择 Altium Designer 20 软件安装目录下的"C:\Users\Public\Documents\Altium\AD20\Library\Simulation"中的所有仿真库文件，如图 7-12 所示。加载仿真库后的可用库文件对话框及文件，如图 7-13 所示，单击关闭该对话框后即完成仿真库文件的加载。

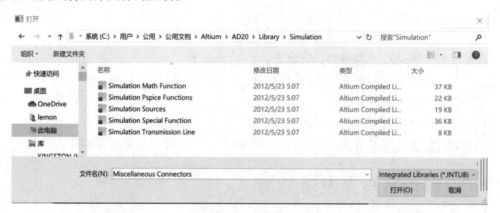

图 7-12　安装仿真库

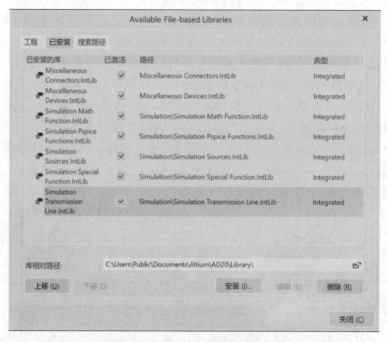

图 7-13　完成仿真库文件的加载

（4）在"Components"面板中选择"Simulation Sources. Inlib"集成库，该仿真库包含了各种仿真电源和激励源。选择名称为直流电压源"VSRC"和直流电流源"ISRC"的两种激励源并放置到原理图编辑区中，如图 7-14 所示。这两种电源通常在仿真电路通电时，作为仿真电路输入一个阶跃激励信号，以便用户进行瞬态响应波形的观测。

（5）设置参数。本书以直流电压源为示范案例，双击直流电压源符号，在弹出的"Properties"（属性）面板中设置其属性参数，如图 7-15 所示。在"Properties"面板中，双击"Models"（模型）栏下的"Simulation"（仿真）选项，系统将弹出如图 7-16 所示的"Sim Model-

图 7-14　直流电压源和直流电流源符号

Voltages Source/DC Source"(仿真模型-电压源/直流源)对话框。通过该对话框可以查看并修改仿真模型。其中,对话框的"Parameters"选项卡如图 7-17 所示,各项参数含义如下:Value(值),可以设定直流电源电压值;AC Magnitude(交流幅度),设置交流信号分析的电压幅度值;AC Phase(交流相位),设置交流信号分析的相位值。

图 7-15　直流电压源属性对话框

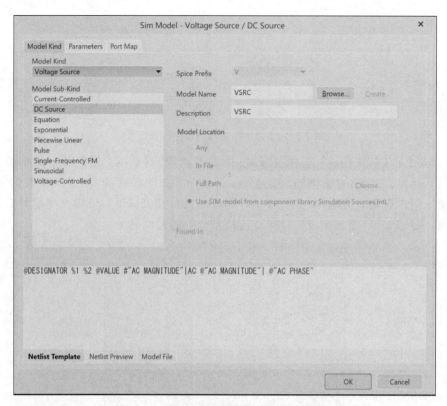

图 7-16　直流电压源仿真参数设置对话框

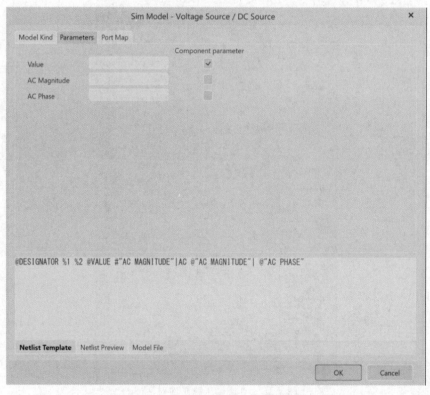

图 7-17　直流电压源仿真参数设置选项卡

7.4　仿真分析参数设置

在电路仿真中,选择合适的仿真方式并对相应的参数进行合理的设置,是仿真能够正确运行并获得良好仿真效果的关键保证。

一般来说,仿真方式的设置包含两部分,一是各种仿真方式都需要的通用参数设置,二是具体的仿真方式所需要的特定参数设置。

在原理图编辑环境中,单击菜单栏中的"设计"→"仿真"→"Mixed Sim"(混合仿真)命令,系统将弹出如图 7-18 所示的"Analyses Setup"(分析设置)对话框。

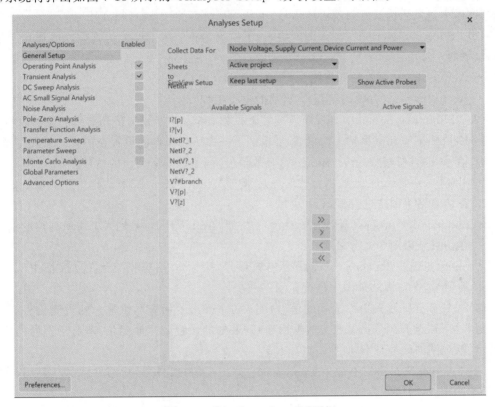

图 7-18　"Analyses Setup"对话框

在该对话框左侧的"Analyses/Options"(分析/选项)列表框中,列出了若干选项供用户选择,包括各种具体的仿真方式。而对话框的右侧则用来显示与选项相对应的具体设置内容。系统的默认选项为"General Setup"(常规设置),即仿真方式的常规参数设置。

7.4.1　常规参数设置

常规参数的具体设置内容有以下几项。

(1)"Collect Date For"(收集数据用途)下拉列表框:用于设置仿真程序需要计算分析的数据类型,有以下几种类型数据:

- Node Voltage and Supply Current:结点电压和电源电流的数据。
- Node Voltage,Supply and Device Current:结点电压、电源和器件电流的数据。

- Node Voltage，Supply Current，Device Current and Power：结点电压、电源电流以及器件的电流和功率等数据。
- Active Signals/Probe(有源信号/探针)：仅保存在有源信号中列出的信号分析结果。

由于仿真程序在计算上述数据时要花费很长的时间，因此在进行电路仿真时，用户应该尽可能少地设置需要计算的数据，只观测电路中结点的关键信号波形即可，这样可以缩短计算机的分析时间，提高软件仿真的工作效率。

单击右侧的"Collect Date For"(为了收集数据)下拉列表框口，可以看到系统提供的几种需要计算分析的数据组合，用户可以根据具体仿真的要求加以选择，系统默认为"Node Voltage，Supply Current，Device Current and Power"选项。通常，建议设置为"Active Signals"模式，这样可以灵活选择所要观测的信号，也减少了仿真的计算量，提高效率。

(2) "Sheets to Netlist"(原理图网络表)下拉列表框：用于设置仿真程序的作用范围，包括以下两个选项：

- Active sheet(有效的原理图)：当前的电路仿真原理图。
- Active project(有效的工程)：当前的整个工程。

(3) "Sim View Setup(仿真视图设置)"下拉列表框：用于设置仿真结果的显示内容。

- Keep last setup(保持上次设置)：按照上一次仿真操作的设置在仿真结果图中显示信号波形，忽略"Active Signals"(有效信号)列表框中所列出的信号。
- Show active signals(显示有效信号)：按照"Active Signals"列表框中所列出的信号，在仿真结果图中进行显示。
- Show active probes(显示有效探针)：按照"Active Probes"列表框中所列出的信号，在仿真结果图中进行显示。
- Show active signals/probes(显示有效信号/探针)：信号和探针在列表框中所列出的信号，在仿真结果图中进行显示。

(4) "Available Signals"(有用的信号)列表框：列出了所有可供选择的观测信号，具体内容随着"Collect Date For"(收集数据用途)列表框的设置变化而变化，即对于不同的数据组合，可以观测的信号是不同的。

(5) "Active Signals"(有效信号)列表框：列出了仿真程序运行结束后，能够立刻在仿真结果图中显示的信号。

在"Available Signals"列表框中选中某一个需要显示的信号后，如单击 > 按钮，可以将该信号加入"Active Signals"列表框，以便在仿真结果图中显示；单击 < 按钮则可以将"Active Signals"列表框中某个不需要显示的信号移回到"Available Signals"列表框；单击 >> 按钮，直接将全部用的信号加入到"Active Signals"列表框；单击 << 按钮，则将全部处于激活状态的信号移回"Available Signals"列表框。

上面讲述的是在仿真运行前需要完成的常规参数设置，而对于用户具体选用的仿真方式还需要进行一些特定参数的设定。

7.4.2 仿真方式

Altium Designer 20的仿真器可以完成各种形式的信号分析，在仿真器的分析设置对话框中，通过全局设置页面，允许用户指定仿真的范围和自动显示仿真的信号。每一项分析类型可以在独立的设置页面内完成。Altium Designer 20 中的 12 种仿真方式如图 7-19 所示,本书介绍其中 10 种。

读者可以进行各种仿真方式的功能特点及参数设置。

1. 静态工作点分析

静态工作点分析用在测定带有短路电感和开路电容电路的直流工作点。

在测定瞬态初始化条件时,除了已经在 Transient/Fourier Analysis Setup 中使能了 Use Initial Conditions 参数的情况外,直流工作点分析将优先于瞬态分析。同时,直流工作点分析优先于交流小信号、噪声和零极点分析,为了保证测定的线性化,电路中所有非线性的小信号模型,在直流工作点分析中将不考虑任何交流源的干扰因素。

图 7-19　12 种仿真方式

2. 瞬态特性分析

瞬态分析在时域中描述瞬态输出变量的值。在未使能 UseInitial Conditions 参数时,对于固定偏置点,电路结点的初始值对计算偏置点和非线性元器件的小信号参数时结点初始值也应考虑在内,因此有初始值的电容和电感也被看作电路的一部分而保留下来,设置的参数框图如图 7-20 所示,具体含义如下:

Transient Start Time:分析时设定的时间间隔的起始值(单位:s)。

Transient Stop Time:分析时设定的时间间隔的结束值(单位:s)。

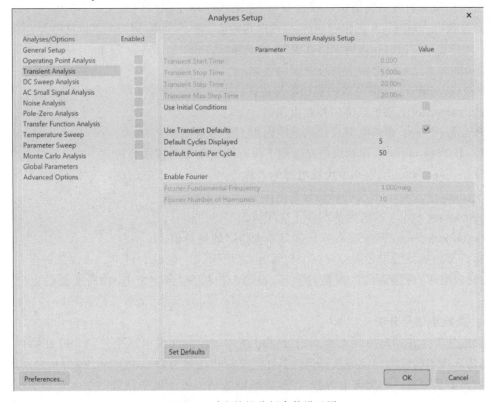

图 7-20　瞬态特性分析参数设置图

Transient Step Time：分析时间增量(步长)值。

Transient Max Step Time：时间增量值的最大变化量；默认状态下，其值可以是 Transient Step Time 或(Transient Stop Time-Transient Start Time)/50。

Use Initial Conditions：当使用后，瞬态分析将自原理图定义的初始化条件开始，旁路直流工作点分析。该项通常用在由静态工作点开始一个瞬态分析中。

Use Transient Default：调用默认设定。

Default Cycles Displayed：默认显示的正弦波的周期数量。该值将由 Transient Step Time 决定。

Default Points Per Cycle：每个正弦波周期内显示数据点的数量。

如果用户未确定具体输入的参数值，建议使用默认设置；当使用原理图定义的初始化条件时，需要确定在电路设计内的每一个适当的元器件上已经定义了初始化条件，或在电路中放置集成元器件。傅里叶分析是基于瞬态分析中最后一个周期的数据完成的，参数设置如下。

Enable Fourier：在仿真中执行傅里叶分析(默认为 Disable)。

Fourier Fundamental Frequency：由正弦曲线波叠加近似而来的信号频率值。

Fourier Number of Harmonics：在分析中应注意的谐波数；每一个谐波均为基频的整数倍。在执行傅里叶分析后，系统将自动创建一个.sim 数据文件，文件中包含了关于每一个谐波的幅度和相位的详细信息。

3. 直流扫描分析

直流扫描分析就是直流转移特性分析，当输入在一定范围内变化时，输出一个曲线轨迹。通过执行一系列直流工作点分析，修改选定的信号源的电压，用户可以得到一个直流传输曲线；用户也可以同时指定两个信号源，参数设置对话框图如图 7-21 所示，具体内容如下。

Primary Source：电路中初级电源的名称。

Primary Start：初级电源的起始电压值。

Primary Stop：初级电源的停止电压值。

Primary Step：初级电源在扫描范围内指定的增量值。

Enable Secondary：在初级电源基础上执行次级电源的扫描分析。

Secondary Name：电路中次级电源的名称。

Secondary Start：次级电源的起始电压值。

Secondary Stop：次级电源的停止电压值。

Secondary Step：次级电源在扫描范围内指定的增量值。

在直流扫描分析中必须设定一个初级电源，而第二个电源为可选。通常第一个扫描变量(主初级电源)所覆盖的区间是内循环，第二个扫描变量(次级电源)所覆盖的区间是外循环。

4. 交流小信号分析

交流分析是在一定的频率范围内计算电路和响应。如果电路中包含非线性器件或元件，在计算频率响应之前就应该得到此器件的交流小信号参数。在进行交流分析之前，必须保证电路中至少有一个交流电源，即在激励源中的 AC 属性域中设置一个大于零的值。其参数设置对话框图如图 7-22 所示，具体内容如下。

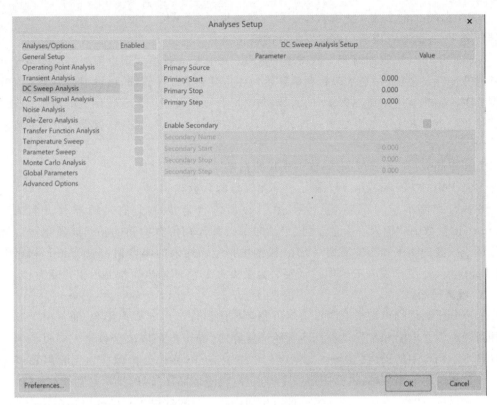

图 7-21　直流扫描分析参数设置图

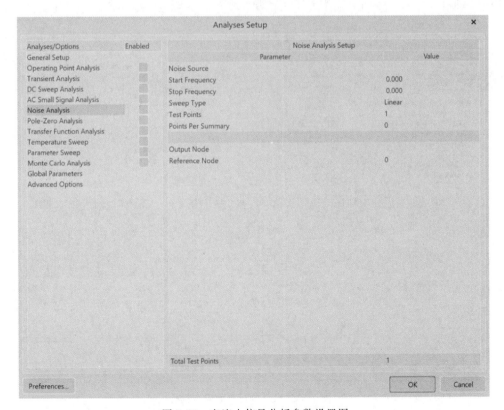

图 7-22　交流小信号分析参数设置图

Start Frequency：用于正弦波发生器的初始化频率(单位：Hz)。

Stop Frequency：用于正弦波发生器的截止频率(单位：Hz)。

Sweep Type：决定如何产生测试点的数量；其中 Linear 模式下全部测试点均匀地分布在线性化的测试范围内，是从起始频率开始到终止频率的线性扫描，该类型适用于带宽较窄情况；Decade 模式下测试点以 10 的对数形式排列，该模式用于带宽特别宽的情况；Octave 模式下测试点以 8 个 2 的对数形式排列，频率以倍频程进行对数扫描，该模式用于带宽较宽的情形。

Test Points：在扫描范围内，依据选择的扫描类型，定义增量值。

Test Points Per Summary：显示全部测试点的数量。

在执行交流小信号分析前，原理图中必须包含至少一个信号源器件并且在 AC Magnitude 参数中应输入一个值，用这个信号源去替代在仿真期间的正弦波发生器。用于扫描的正弦波的幅度和相位需要在 SIM 模型中指定。输入的幅度值(电压 Volt)和相位值(度 Degrees)，不要求输入单位值。设定交流量级为 1，将使输出变量显示相关度为 0dB。

5. 噪声分析

噪声分析利用噪声谱密度测量由电阻和半导体器件产生的噪声影响，通常由 V/Hz 表征测量噪声值。电阻和半导体器件等都能产生噪声，噪声电平取决于频率。电阻和半导体器件产生不同类型的噪声(注意：在噪声分析中电容、电感和受控源视为无噪声元器件)。对交流分析的每一个频率，电路中每一个噪声源(电阻或晶体管)的噪声电平都被计算出来，它们以输出结点的贡献通过将各均方根值相加得到。其参数设置对话框图如图 7-23 所示，具体内容如下。

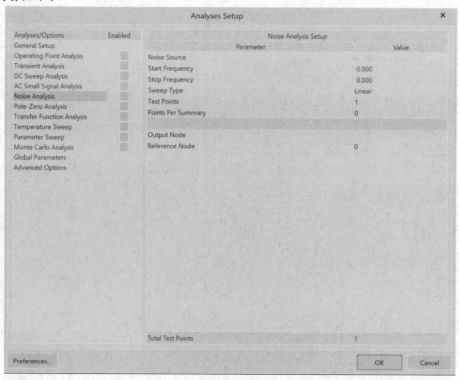

图 7-23　噪声分析参数设置图

Noise Sources：选择一个用于计算噪声的参考电源(独立电压源或独立电流源)。

Start Frequency：指定起始频率。

Stop Frequency：指定终止频率。

Sweep Type 框中指定扫描类型,这些设置和交流分析差不多,在此只作简要说明。Linear 为线性扫描,是从起始频率开始到终止频率的线性扫描,Test Points 是扫描中的总点数,一个频率值由当前一个频率值加上一个常量得到。Linear 适用于带宽较窄情况。Octave 为倍频扫描,频率以倍频程进行对数扫描。Test Points 是倍频程内的扫描点数。下一个频率值由当前值乘以一个大于 1 的常数产生。Octave 用于带宽较宽的情形。Decade 为十倍频扫描,它进行对数扫描。Test Points 是十倍频程内的扫描点数。Decade 用于带宽特别宽的情况。通常起始频率应大于零,独立的电压源中需要指定 Noise Sources 参数。

Test Points：指定扫描的点数。

Points Per Summary：指定计算噪声范围。在此区域中,输入 0 则只计算输入和输出噪声;输入 1 则同时计算各个器件噪声。后者适用于用户想单独查看某个器件的噪声并进行相应的处理(例如某个器件的噪声较大,则考虑使用低噪声的器件换之)。

Output Node：指定输出噪声结点。

Reference Node：指定输出噪声参考结点,此结点一般为地(也即为 0 结点),如果设置的是其他结点,通过 V(Output Node)-V(Reference Node)得到总的输出噪声。

6. Pole-Zero(零极点)分析

在单输入/单输出的线性系统中,利用电路的小信号交流传输函数对极点或零点的计算用 Pole-Zero 进行稳定性分析;将电路的直流工作点线性化并对所有非线性器件匹配小信号模型。传输函数可以是电压增益(输出与输入电压之比)或阻抗(输出电压与输入电流之比)中的任意一个。其参数设置对话框如图 7-24 所示,具体内容如下。

Input Node：输入结点。

Input Reference Node：输入端的参考结点(默认：0(GND))。

Output Node：输出结点。

Output Reference Node：输出端的参考结点(默认：0(GND))。

Transfer Function Type：设定交流小信号传输函数的类型;V(output)/V(input)：电压增益传输函数;V(output)/I(input)：电阻传输函数。

Analysis Type：更精确地提炼分析极点。

Pole-Zero 分析可用于对电阻、电容、电感、线性控制源、独立源、二极管、BJT 管、MOSFET 管和 JFET 管,不支持传输线。对复杂的大规模电路进行 Pole-Zero 分析,需要耗费大量时间,并且可能不能找到全部的 Pole 点和 Zero 点,因此将其拆分成小的电路再进行Pole-Zero 分析将更有效。

7. 传输函数分析

传输函数分析(也称为直流小信号分析)将计算每个电压结点上的直流输入电阻、直流输出电阻和直流增益值。其参数设置对话框如图 7-25 所示,具体内容如下。

Source Name：指定输入参考的小信号输入源。

Reference Node：作为参考指定计算每个特定电压结点的电路结点(默认：设置为 0)。

利用传输函数分析可以计算整个电路中直流输入、输出电阻和直流增益 3 个小信号的值。

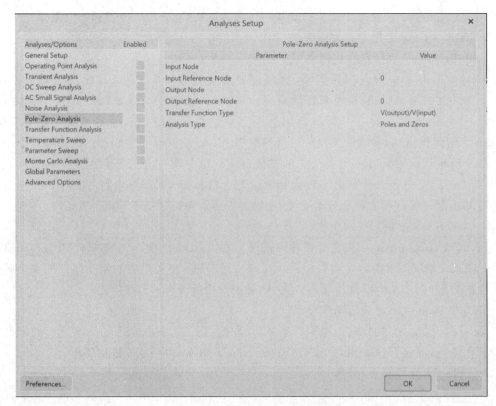

图 7-24　Pole-Zero(零极点)分析参数设置图

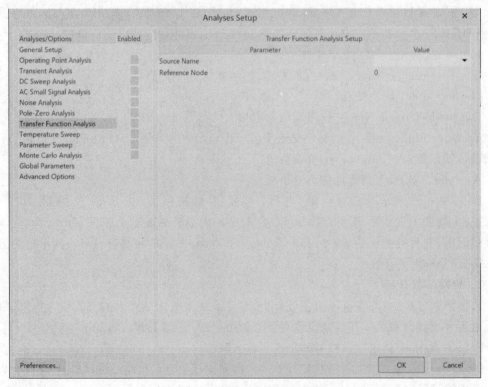

图 7-25　传输函数分析参数设置图

8. 温度扫描

温度扫描是指在一定的温度范围内进行电路参数计算,用以确定电路的温度漂移等性能指标。其参数设置对话框如图 7-26 所示,具体内容如下。

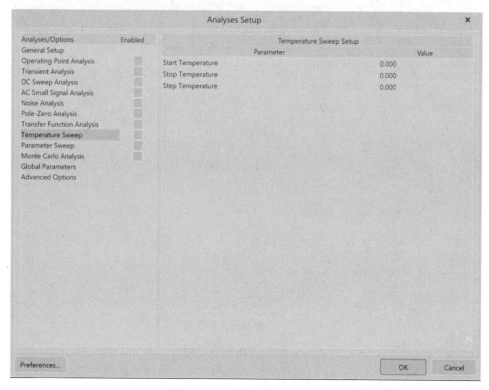

图 7-26　温度扫描参数设置图

Start Temperature:起始温度(单位:℃)。

Stop Temperature:截止温度(单位:℃)。

Step Temperature:在温度变化区间内,递增变化的温度大小。

在温度扫描分析时,由于会产生大量的分析数据,因此需要将 General Setup 中的 Collect Data for 设定为 Active Signals。

9. 参数扫描

参数扫描可以与直流、交流或瞬态分析等分析类型配合使用,对电路所执行的分析进行参数扫描,对于研究电路参数变化对电路特性的影响提供了很大的方便。在分析功能上与蒙特卡罗分析和温度分析类似,它是按扫描变量对电路所有分析参数扫描的,分析结果产生一个数据列表或一组曲线图。同时,用户还可以设置第二个参数扫描分析,但参数扫描分析所收集的数据不包括子电路中的元器件。其参数设置对话框如图 7-27 所示,具体内容如下。

Primary Sweep Variable:希望扫描的电路参数或器件的值,利用下拉选项框设定。

Primary Start Value:扫描变量的初始值。

Primary Stop Value:扫描变量的截止值。

Primary Step Value:扫描变量的步长。

Primary Sweep Type:设定步长的绝对值或相对值。

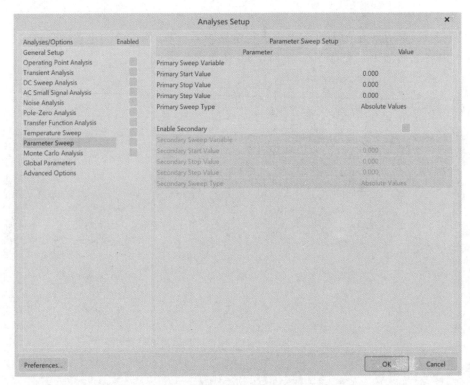

图 7-27　参数扫描参数设置图

Enable Secondary：在分析中需要确定次级扫描变量。

Secondary Sweep Variable：希望扫描的电路参数或元器件的次级变量值，利用下拉选项框设定为电压或电流。

Secondary Start Value：扫描次级变量的初始值。

Secondary Stop Value：扫描次级变量的截止值。

Secondary Step Value：扫描次级变量的步长。

Secondary Sweep Type：设定步长的绝对值或相对值。

参数扫描至少应与标准分析类型中的一项一起执行，我们可以观察到不同的参数值所画出来不一样的曲线。曲线之间偏离的大小表明此参数对电路性能影响的程度。

10．蒙特卡罗分析

蒙特卡罗分析是一种统计模拟方法，它是在给定电路元器件参数容差统计分布规律的情况下，用一组伪随机数求得元器件参数的随机抽样序列，对这些随机抽样的电路进行直流扫描，并对直流工作点、传递函数、噪声、交流小信号和瞬态分析，通过多次分析结果估算出电路性能的统计分布规律。蒙特卡罗分析可以进行最坏情况分析，Altium Designer 20 的蒙特卡罗分析在进行最坏情况分析时有着强大且完备的功能。其参数设置对话框如图 7-28 所示，具体内容如下。

Seed：该值是仿真中随机产生的。如果用随机数的不同序列执行一个仿真，需要改变该（默认为−1）。

Distribution：容差分布参数；Uniform（默认）表示单调分布。在超过指定的容差范围后仍然保持单调变化；Gaussian 表示高斯曲线分布（即 Bell-Shaped），名义中位数与指定容差有

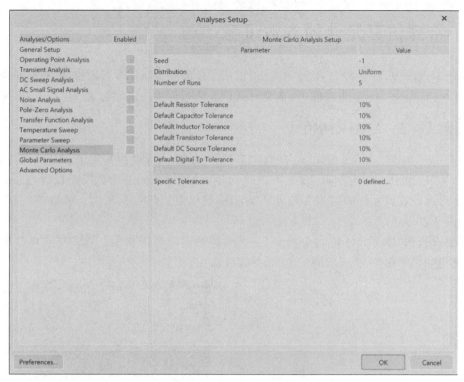

图 7-28　蒙特卡罗分析参数设置图

－/＋3 的背离；Worst Case 表示最坏情况，与单调分布类似，不仅仅是容差范围内最差的点。

Number of Runs：在指定容差范围内执行仿真中运用不同器件值（默认为 5）。

Default Resistor Tolerance：电阻件默认容差（默认为 10％）。

Default Capacitor Tolerance：电容件默认容差（默认为 10％）。

Default Inductor Tolerance：电感器件默认容差（默认为 10％）。

Default Transistor Tolerance：三极管器件默认容差（默认为 10％）。

Default DC Source Tolerance：直流源默认容差（默认为 10％）。

Default DigitalTp Tolerance：数字器件传播延时默认容差（默认：10％），该容差将用于设定随机数发生器产生数值的区间。对于一个名义值为 Val Nom 的器件，其容差区间为 Val Nom-(Tolerance * Val Nom)< RANGE > Val Nom＋(Tolerance * Val Nom)。

Specific Tolerances：用户特定的容差（默认为 0），定义一个新的特定容差，先执行 Add 命令，在出现的新增行的 Designator 域中选择特定容差的元器件，在 Parameter 中设置参数值，在 Tolerance 中设定容差范围，Track No. 即跟踪数（Tracking Number），用户可以为多个元器件设定特定容差。此区域用来标明在设定多个元器件特定容差的情况下，它们之间的变化情况。如果两个元器件的特定容差的 Tracking No. 一样，且分布一样，则在仿真时将产生同样的随机数并用于计算电路特性，在 Distribution 中选择 uniform. gaussian 或 worst case 其中一项。每个元器件都包含两种容差类型，分别为元器件容差和批量容差。

如果电阻、电容、电感、晶体管等同时变化，由于变化的参数太多，反而不知道哪个参数的变化对电路的影响最大，因此建议读者一个一个地分析。例如读者想知道晶体管参数 BF（β 值）对电路频率响应的影响，那么就应该去掉其他参数对电路的影响，而只保留 BF 容差。

7.5　特殊仿真元件的参数设置

在仿真过程中,还会经常用到一些专用于仿真的特殊元件,它们存放在系统提供的 Simulation Sources. Inlib 集成库中,本节对其设置进行简单的讲解与说明。

7.5.1　结点电压初值

结点电压初值". IC"主要用于为电路中的某一结点提供电压初始值,与电容中"Initial Voltage"(初始电压)作用类似。设置方法很简单,只要把该元件放在需要设置电压初值的结点上,通过设置该元件的仿真参数即可为相应的结点提供电压初值。放置的". IC"元件符号如图 7-29 所示。

需要设置的". IC"元件仿真参数只有一个,即结点的电压初值。双击结点电压初值元件,系统将弹出如图 7-30 所示的". IC"元件属性面板。

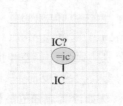

图 7-29　放置的". IC"元件

图 7-30　". IC"元件属性面板

双击"Model（模型）"栏"Type（类型）"列中的"simulation（仿真）"选项，系统将弹出如图 7-31 所示的对话框来设置".IC"元件的仿真参数。

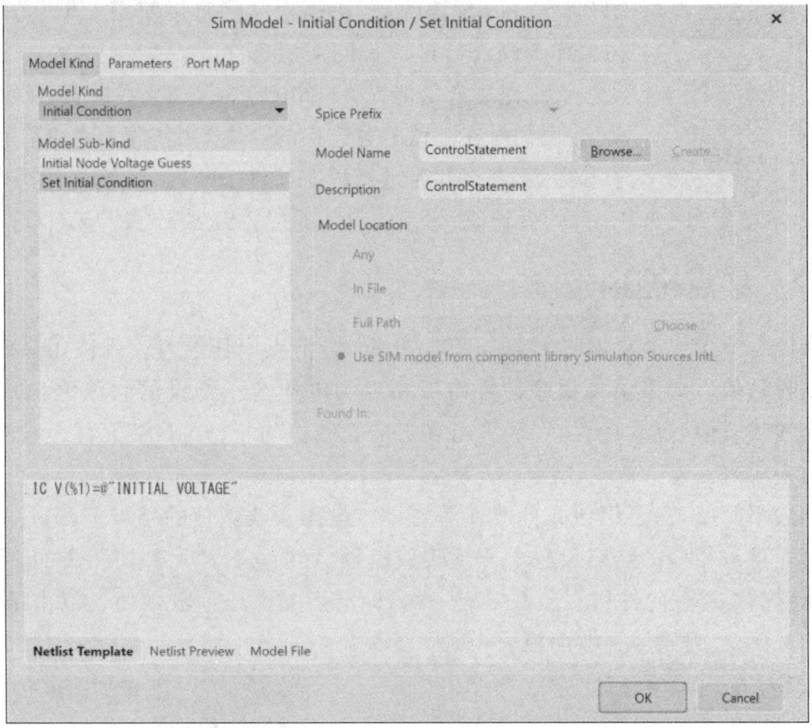

图 7-31 设置".IC"元件属性面板

在设置"IC"元件的仿真参数对话框中选定"Parameter（参数）"选项卡，如图 7-32 所示，只有一项仿真参数"Initial Voltage（初始电压）"，用于设定相应结点的电压初值，这里设置为"0V"，并勾选 Component Parameter，设置参数后的".IC"元件如图 7-33 所示。

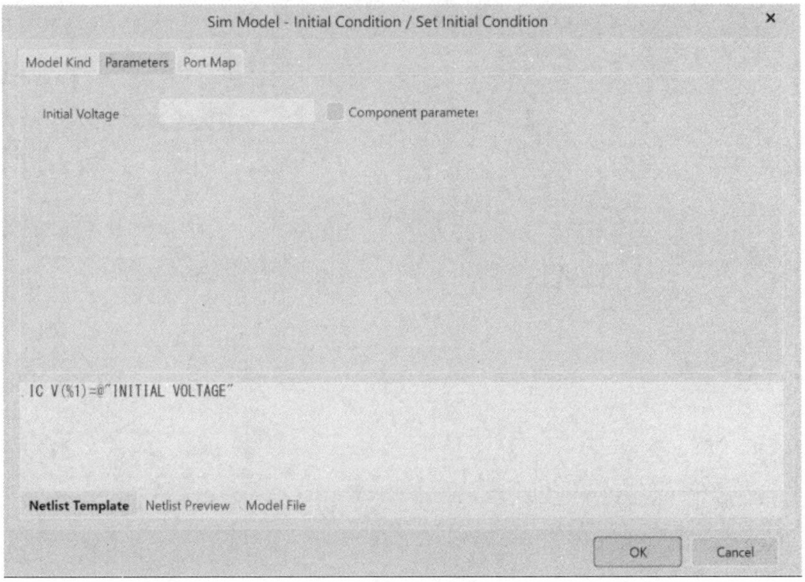

图 7-32 ".IC"元件属性设置面板中选定"Parameter"选项

图 7-33　设定初值后的
".IC"元件

使用"IC"元件为电路中的一些结点设置电压初值后,用户采用瞬态特性分析的仿真方式时,若勾选了"Use Initial Conditions"(使用初始条件)复选框,则仿真程序将直接使用".IC"元件所设置的初值作为瞬态特性分析的初始条件。

当电路中有储能元件(如电容)时,如果在电容两端设置了电压初值,而同时在与该电容连接的导线上也放置了".IC"元件,并设置了参数值,那么此时进行瞬态特性分析时,系统将使用电容两端的电压初值,而不会使用".IC"元件的设置值,即一般元件的优先级高于".IC"元件。

7.5.2　结点电压

在对双稳态或单稳态电路进行瞬态特性分析时,结点电压".NS"元件用来设定某个结点的电压预收敛值。如果仿真程序计算出该结点的电压小于预设的收敛值,则去掉".NS"元件所设置的收敛值,继续计算,直到算出真正的收敛值为止。".NS"元件是求结点电压收敛值的辅助手段之一。

设置方法很简单,只要把该元件放在需要设置电压预收敛值的结点上,通过设置该元件的仿真参数即可为相应的结点设置电压预收敛值,放置的".NS"元件如图 7-34 所示。

需要设置的".NS"元件仿真参数只有一个,即结点的电压预收敛值。双击结点元件,将弹出如图 7-35 所示的元件属性面板。

图 7-34　放置的".NS"元件　　　　　图 7-35　".NS"元件属性面板

双击"Model"(模型)栏"Type"(类型)列中的"simulation"(仿真)选项,系统将弹出如图 7-35 所示的对话框来设置".NS"元件的仿真参数。

在设置".NS"元件的仿真参数对话框中选定"Parameter"(参数)选项卡,如图 7-36 所示,只有一项仿真参数"Initial Voltage"(初始电压),用于设定相应结点的电压初值,这里设置为"10V",并勾选 Component Parameter,设置参数后的".NS"元件如图 7-37 所示。

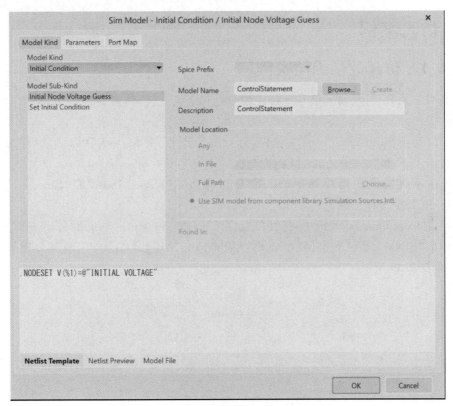

图 7-36　".NS"元件的仿真参数设置对话框

图 7-37　设定初值后的".NS"元件

7.5.3　仿真数学函数

在 Altium Designer 20 软件的仿真器中还提供了若干仿真数学函数,它们同样可作为一种特殊的仿真元件放置在电路仿真原理图中使用。主要用于对仿真原理图中的两个结点信号进行各种合成运算,以达到一定的仿真目的,包括结点电压的加、减、乘、除,以及支路电流的加、减、乘、除等运算,也可以用于对一个结点信号进行各种变换,如正弦变换、余弦变换、双曲线变换等。

仿真数学函数存放在"Simulation Math Function. IntLib"仿真库中,只需要把相应的函数功能模块放到仿真原理图中需要进行信号处理的地方即可,仿真参数不需要用户自行设置。图7-38所示是对两个结点电压信号进行相加运算的仿真数学函数"ADDV"。

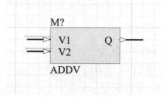

图7-38 仿真数学函数"ADDV"

7.6 仿真案例

7.6.1 仿真数学函数实例

仿真数学函数,对某输入信号进行正弦变换和余弦变换,然后叠加输出,具体的操作步骤如下:

(1) 启动 Altium Designer 20 软件,新建一个工程,并添加新原理图,另存为"PCB_Project1. prjPcb"和"fangzhen. SchDoc"文件。

(2) 在系统提供的集成库中,选择"Simulation Sources. Inlib"和"Simulation Math Function. IntLib"进行加载。

(3) 在"Components"面板中,打开集成库"Simulation Math Function. IntLib",选择正弦变换函数"SINV"、余弦变换函数"COSV"及电压相加函数"ADDV",将其分别放置到原理图中,如图7-39所示。

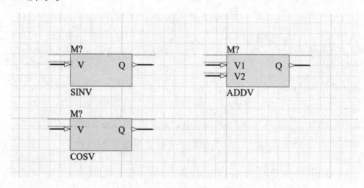

图7-39 放置数学函数

(4) 在"Components"面板中,打开集成库"Miscellaneous Devices. IntLib",选择正弦元件 Res2,在原理图中放置两个电阻和接地符号,完成电气连接,并进行符号标识编号,如图7-40所示。

(5) 在"Components"面板中,打开集成库"Simulation Sources. Inlib",放置正弦电压源"VSIN",双击该元件属性后,标识改为"V1",其他各种参数采用系统默认,放置在仿真原理图中,并进行接地连接,如图7-41所示。

(6) 在原理图中需要观测信号的位置添加网络标签。本设计需要观测的信号有4个,即输入信号、经过正弦变换后的信号及叠加后输出的信号。因此在相应的位置处放置4个网络标签,即"INPUT""SINOUT""COSOUT""OUTPUT",如图7-42所示。

(7) 单击菜单中的"设计"→"仿真"→"Mixed Sim"(混合仿真)命令,在系统弹出的"Analyses Setup"(分析设置)对话框中设置常规参数,详细设置如图7-43所示。

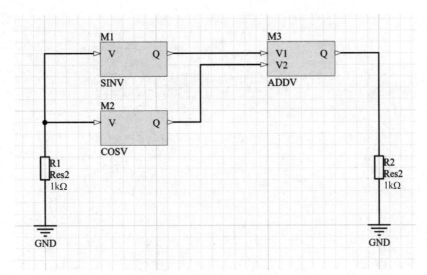

图 7-40 放置接地电阻后连线

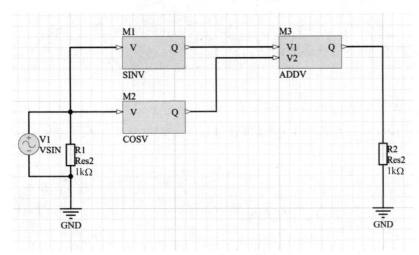

图 7-41 放置正弦电压源并连线

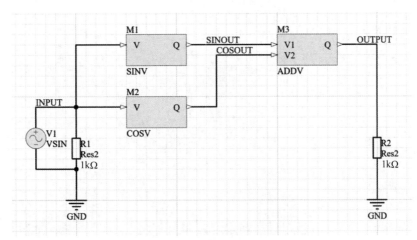

图 7-42 添加网络标签

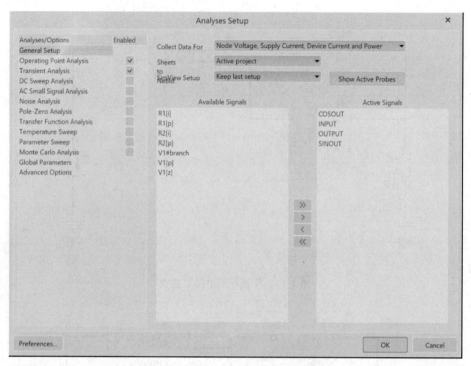

图 7-43　"Analyses Setup"对话框

（8）设置常规参数对话框中，勾选"Operating Point Analyses"（工作点分析）和"Transient Analyses"（瞬态特性分析）复选框，"Transient Analyses"选项中各项参数的设置如图 7-44 所示。

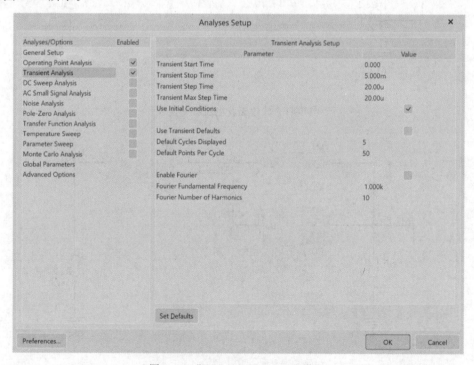

图 7-44　"Transient Analyses"设置

（9）设置完毕后，单击"OK"按钮，系统进行电路仿真。瞬态仿真分析的仿真结果如图 7-45 所示。

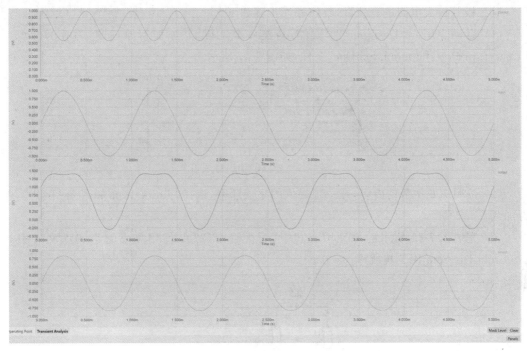

图 7-45 瞬态仿真分析的结果

（10）单击菜单中的"图表"→"产生 FFT 图表"命令，获得傅里叶分析的仿真结果，如图 7-46 所示。

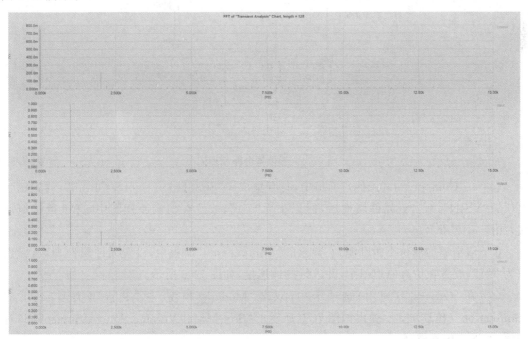

图 7-46 傅里叶分析的仿真结果

7.6.2　仿真模拟带电路实例

对三极管放大电路进行仿真,具体操作步骤如下:

(1) 启动 Altium Designer 20 软件,新建一个工程,并添加新原理图,另存为"PCB_Project1. prjPcb"和"moni. SchDoc"文件,如图 7-47 所示。

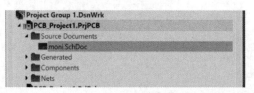

图 7-47　建立的工程目录

(2) 按照 7.6.1 节的内容,在系统提供的集成库中,选择"Simulation Sources. Inlib",进行加载。

(3) 完成图 7-48 所示的原理图。其中,三极管 2N2222 使用本书附带的库文件中的 Motorola Discrete BJT 集成库。

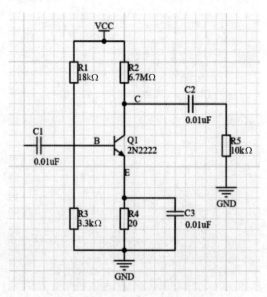

图 7-48　三极管电路原理图

(4) 在"Components(元件)"面板中,打开集成库"Simulation Sources. Inlib",放置正弦电压源"VSIN",双击该元件属性后,标识改为"V1",放置在仿真原理图中,并进行接地连接,如图 7-49 所示。

(5) 双击添加的仿真激励源,在弹出的"Components"面板中,设置元件属性参数,标识改为"V1",放置在仿真原理图中,并进行接地连接,如图 7-50 所示。

(6) 在"General"(通用)选项卡中,双击"Model"(模型)栏"Type"(类型)列下的"Simulation"(仿真)选项,弹出如图 7-50 所示的"Sim Model-Voltage Source/Sinusoidal"对话框,并修改仿真模型。

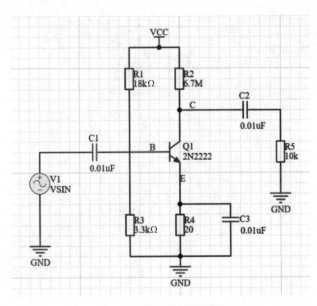

图 7-49　添加仿真激励源

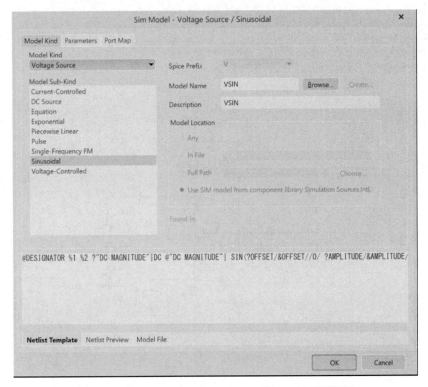

图 7-50　"Sim Model-Voltage Source/Sinusoidal"对话框

（7）在上述对话框中，单击"Parameters"选项卡，按照本仿真要求设置相应的参数，如图 7-51 所示。

（8）在电路的 V1 上端和 C 后端分别添加表示符 IN 和 OUT，采用相同方法，再添加第二个仿真电源 V2，如图 7-52 所示。按照本仿真要求设置相应的参数，如图 7-53 所示。返回到原理图编译环境。

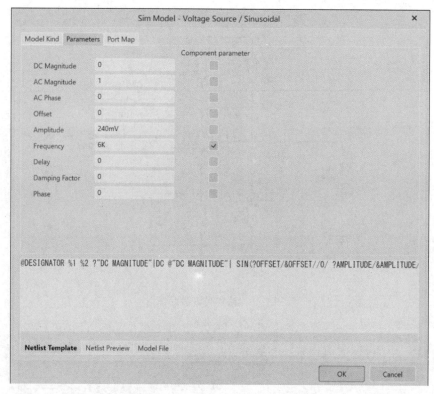

图 7-51　"Parameters"选项卡

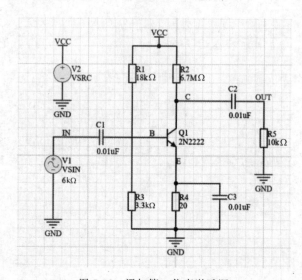

图 7-52　添加第二仿真激励源

（9）单击菜单中的"工程"→"Compile PCB Project PCB_Project1. PrjPCB"命令,编译当前的工程。

（10）单击菜单中的"设计"→"仿真"→"Mixed Sim（混合仿真）"命令,系统将弹出"Analyses Setup"对话框。在左侧的列表框中选择"General Setup"选项,在右侧设置需要观察的结点,即要获得的仿真波形,如图 7-54 所示。

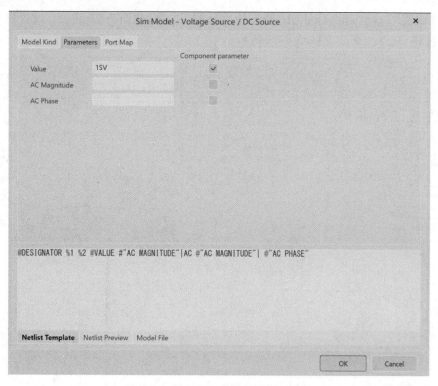

图 7-53　设置第二仿真激励源的参数

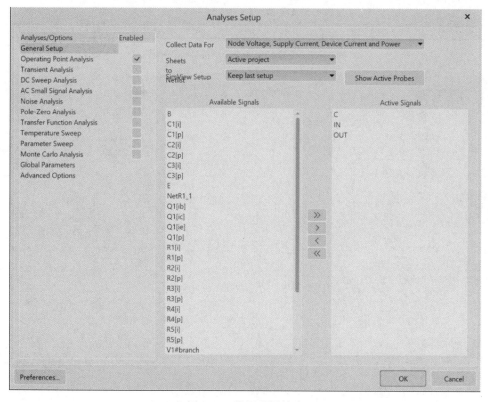

图 7-54　设置观测结点

（11）设置"Transient Analysis（瞬态特性分析）"选项，如图 7-55 所示。设置完毕后，单击"OK"按钮，获得仿真波形如图 7-56 所示。

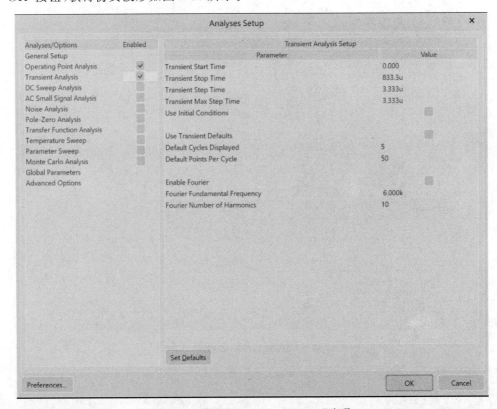

图 7-55　设置"Transient Analysis"选项

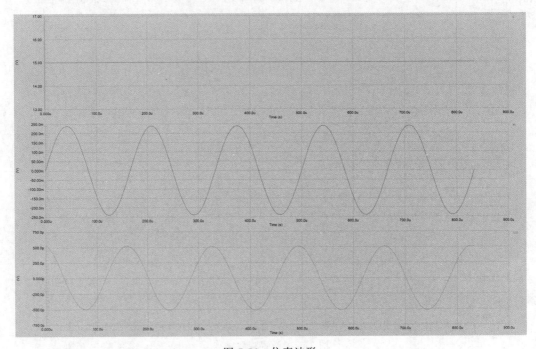

图 7-56　仿真波形

本章习题

（1）放置一下 Simulation Sources.Inlib 集成库中的各种激励源。

（2）尝试利用所学的知识设计一套具有"爱国精神的融合作品"。

第 8 章

综合案例——单片机实验系统

本章知识点：

1. 利用所学的知识进行系统原理图设计。

2. 熟练载入网络表与元器件，做好后续 PCB 设计准备。

3. 对 PCB 进行元器件布局和布线，对设计的 PCB 进行打印输出。

通过前几章的学习，我们已经掌握了 Altium Designer 20 软件的基本操作方法，本章将以 ATmega32U4 单片机实验系统的设计为例向读者介绍整个工程项目的设计过程，读者在进行自己的设计时可以参考本章的案例完成自己的工程，通过本章的综合案例设计，可以提升学生的自学能力、资料查阅能力。

单片机实验系统是学习单片机必备的工具之一。一般初学者在学习单片机的时候，都要利用现成的单片机实验电路系统来学习编写程序，这里介绍一个单片机实验电路系统以供读者自行制作，案例将详细介绍原理图设计到 PCB 设计的整个过程。同时，通过本章学习可以温习并巩固之前所学的内容，使读者对电路板设计流程更加熟悉和明确。

8.1 设计任务和实现方案介绍

本章所制作的这款 Arduino 单片机开发板，可以完成大量的实验，能连接数量众多的传感器设备，如蜂鸣器、串行口通信、跑马灯实验、单片机音乐播放、OLED 显示、LCD1602 显示以及继电器控制等。

本实例中的实验板主要由以下 7 部分组成：USB 通信电路、电源电路、指示灯电路、主控与晶振电路、ICSP 电路、外接引脚电路、防静电电路。这里我们可以参考 arduino 官方提供的原理图。

设计思路：

（1）创建一个 PCB 工程，并在工程下创建新的原理图和 PCB，并选好存储位置对工程和原理图文件命名并保存。

（2）对原理图中的元器件进行分析统计，准备好对应的封装，先放置好所有元件，确定各芯片的位置后进行元件布局，然后用导线将其连接起来，即可完成原理图的布局。

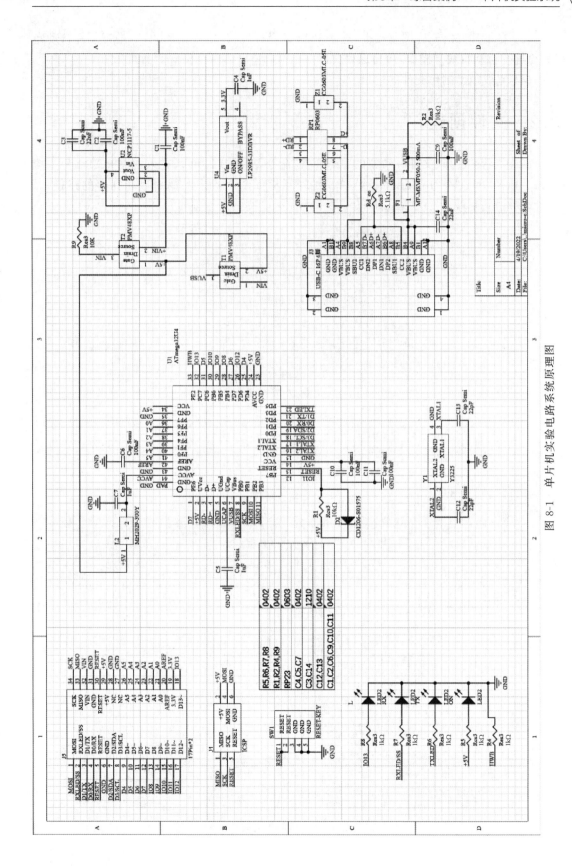

图 8-1 单片机实验电路系统原理图

（3）在设计好的原理图基础上，进入 PCB 编译环境，设定规则和约束，进行元件自动布局，再进行自动布线等操作，最后保存文件。

（4）完成加工制作文件的输出。

8.2　文件创建

新建工程：选择"文件"→"新的"→"项目"命令，如图 8-2 所示，进入创建 PCB 项目文档窗口。选择"PCB"→"Default"命令，弹出的对话框如图 8-3 所示，选择项目保存的路径，对文件名称进行更改为"ATmega32U4"，单击"Create"按钮进行创建。

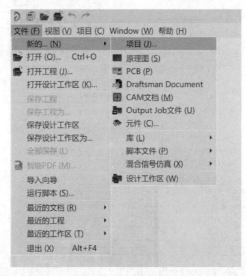

图 8-2　新建项目

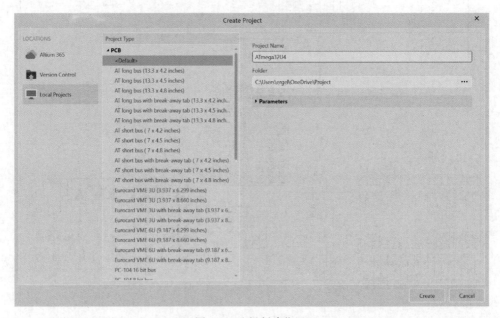

图 8-3　选择创建位置

新建原理图和 PCB：选择"文件"→"新的"→"原理图"命令，创建一个原理图文档，如图 8-4 所示。在原理图上右键选择"保存"命令，弹出的对话框如图 8-5 所示，选择好位置，将文件名称更改为"ATmega32U4. SchDoc"，单击"保存"按钮进行保存。用同样的方法再新建一个 PCB 文件，同样命名为"ATmega32U4. PcbDoc"，并保存工程。查看文件夹内的三个文件，如图 8-6 所示。

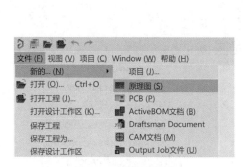

图 8-4　新建原理图　　　　　　　　　　　图 8-5　保存原理图

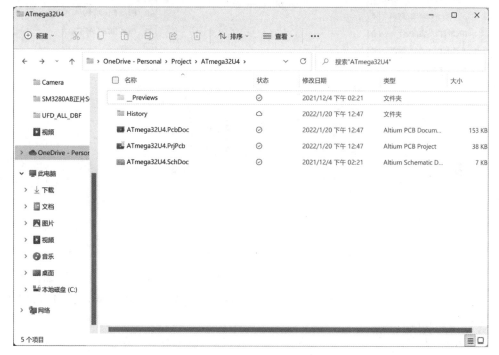

图 8-6　查看所有工程文件

8.3　查找与制作封装

查找与绘制元件封装：这一步在 PCB 设计与实际生产中尤为重要。我们需要统计原理图中用到的元件封装，查看封装库中是否有对应的封装。一般常见的电阻、电容、电感都有对应的封装,要重点查看那些平时相对冷门的元件,以及最重要的主控芯片、这些通常在自带的封装库文件中是没有的。可以通过网络查找或自己画等方式补全封装。

　　ATmega32U4 引脚定义与封装如图 8-7 所示,(数据来自 Atmel 官方数据手册,下边将绘制此芯片原理图库和封装库。在这个过程中也建议同学多查找相关的数据手册,手册里会讲解每个对应元件的详细信息,能够有助于我们的理论与实践学习。

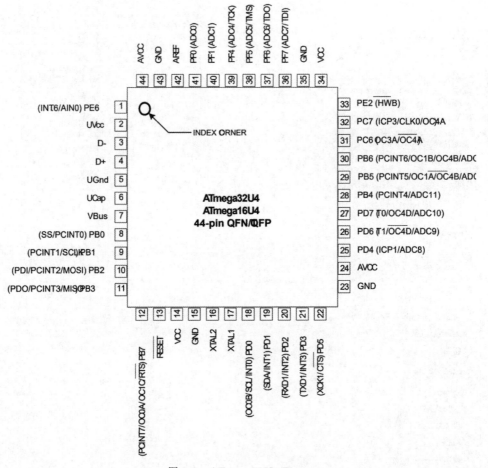

图 8-7　ATmega32U4-Pinout

　　(1) 首先创建一个元件集成库,单击"文件"→"新的"→"库"→"集成库",如图 8-9 所示。在集成库中再分别创建一个原理图库和封装库,创建后如图 8-10 所示,之后可以根据个人习惯保存并命名。

　　(2) 在原理图库中绘制元件,在工具栏中右击后选择"矩形"绘制 ATmega32U4 的外框,要保证有足够的空间画引脚,如图 8-11 所示。选择圆圈工具,标记芯片第一脚方向,封装外框如图 8-12 所示。

　　(3) 单击"放置引脚",然后按下 Tab 键,进入引脚设置,Designator 为引脚编号,默认从 1 开始; Name 为引脚名,按照芯片数据手册的信息进行设置。例如 1 脚名为"PE6",如图 8-13 所示。

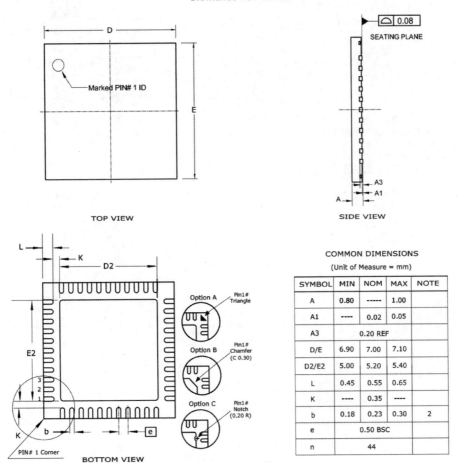

图 8-8 ATmega32U4-QFN44-Footpin

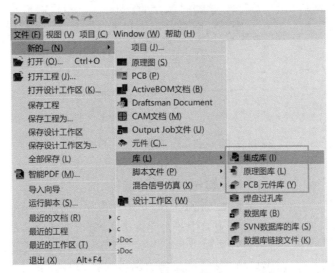

图 8-9 新建原理图库

图 8-10　创建完成

图 8-11　绘制元件外框

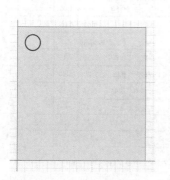

图 8-12　封装外框

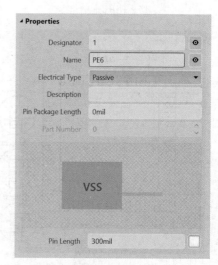

图 8-13　引脚设置

（4）默认引脚的连接处"十字架"是朝向芯片的，要按两次空格键将其旋转朝外，调整过程如图 8-14、图 8-15 所示。绘制完成如图 8-16 所示。

图 8-14　默认方向　　　　　　　　　图 8-15　调整后

（5）单击 SCH Library 窗口中的元件，在右侧弹出的窗口中设置元件信息，如图 8-17 所示。

（6）创建 PCB 封装：根据图 8-8 得知 ATmega32U4 的长宽为 7mm×7mm，引脚宽度 0.23mm，引脚间距 0.5mm，引脚长 0.55mm。芯片边距离第一引脚中心 1.015mm，距离第一引脚边缘 0.9mm。在 PCB Library 窗口中双击元件名称，进行重新命名，如图 8-18 和图 8-19 所示。

（7）单击工具栏中的焊盘按钮，按下 Tab 键对焊盘属性进行设置，如图 8-20 所示，这里默认是 mil 单位，可以按 Q 键（在英文输入法状态下），切换两种单位。

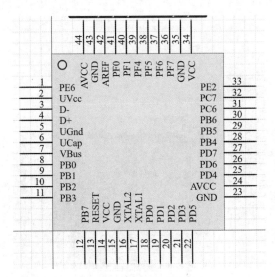

图 8-16　原理图库完成

图 8-17　元件信息设置

图 8-18　PCB Library 窗口

图 8-19　重命名

（8）在 PCB 原点处放置第一个引脚，之后每间隔 0.5mm 放置一个引脚，完成芯片一边 11 个引脚的放置，如图 8-21 所示。绘制过程中灵活运用标尺在 Top Overlay 层测量尺寸，在正中心放置接地散热脚，5mm×5mm。最后绘制芯片外框标记，在 Top Overlay 层用线条工具绘制 7mm×7mm 正方形，并在芯片 1 脚做出标记，最终效果如图 8-22 所示。

（9）在原理图库里添加刚刚绘制的 PCB 封装：单击"Add Footprint"，在 PCB 模型窗口，单击"浏览"，并选择绘制的封装。如图 8-23 和图 8-24 所示。

（10）芯片 NCP1117-5 的封装尺寸为"SOT223"，其数据可以从公司官网获得，可按照上文的封装制作步骤完成该封装制作。也可以采用本软件自带的器件集成库，如图 8-25 所示，这样就不必自己进行制作，可以极大减小项目的开发周期。

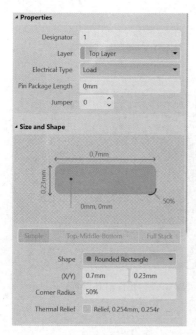

图 8-20　引脚焊盘设置

图 8-21　一边的引脚

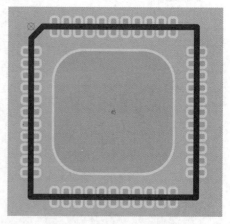

图 8-22　PCB 封装绘制完成

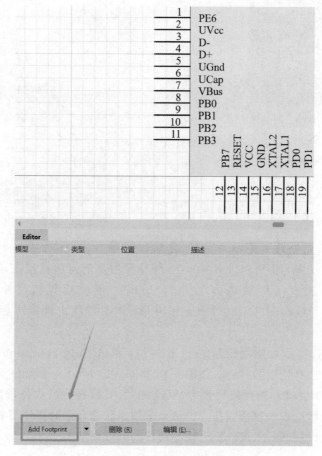

图 8-23　添加封装

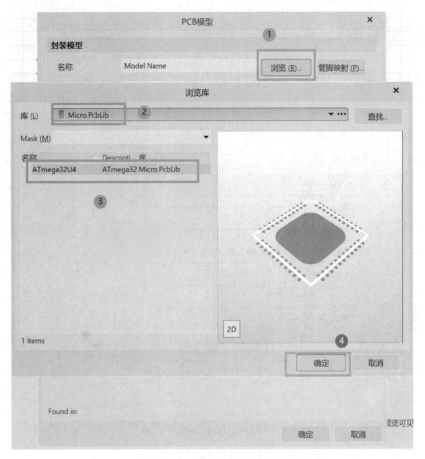

图 8-24 浏览 PCB 封装

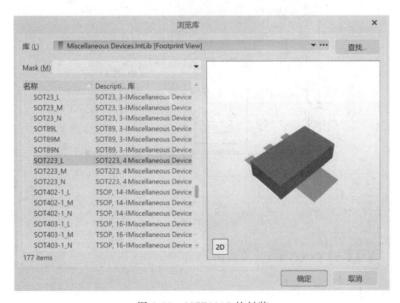

图 8-25 NCP1117 的封装

8.4　原理图设计

按照如图 8-26～图 8-30 绘制各部分原理图，并确保每个元件都有对应的封装。

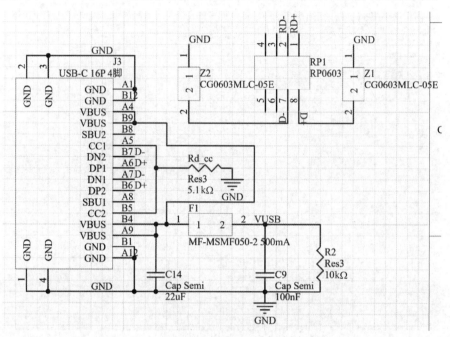

图 8-26　USB 通信电路

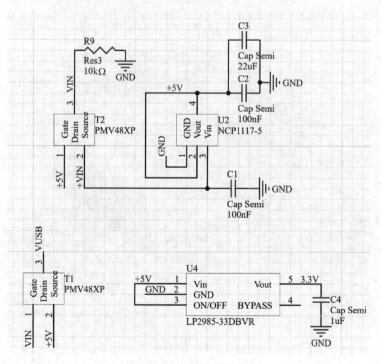

图 8-27　电源电路

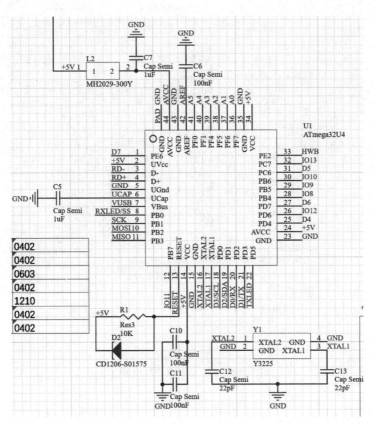

图 8-28 主控与晶振

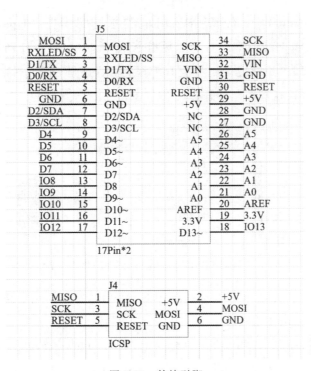

图 8-29 外接引脚

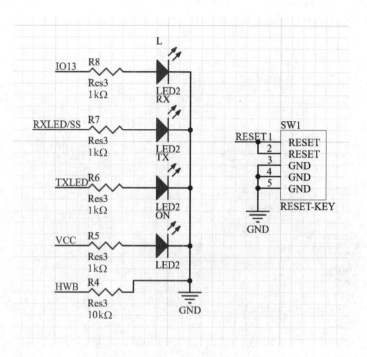

图 8-30　复位与指示灯电路

8.5　PCB 设计

将原理图更新到 PCB 中：在原理图绘制好后，选择"设计"→"Update PCB Document ATmega32U4.PcbDoc"命令，弹出"工程变更指令"对话框，如图 8-31 所示。在对话框中单击"验证变更"按钮，如图 8-32 所示。并查看工程变更状态是否都为"✓"。检查无误后继续单击"执行变更"并检查是否存在报错，如图 8-33 所示。

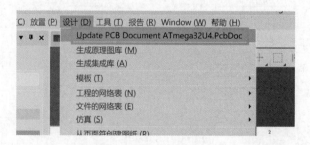

图 8-31　Update PCB Document ATmega32U4.PcbDoc

调整 PCB 尺寸：首先选择标尺工具，如图 8-34 所示，在不影响电路的 Top Overlay 层绘制长 1900mil、宽 700mil 的标尺。

切换到 Mechanical 层，使用线条工具绘制 1900×700 的区域，如图 8-35 所示。鼠标选中四条框线，单击"设计"→"板子形状"→"按照选择对象定义"命令。

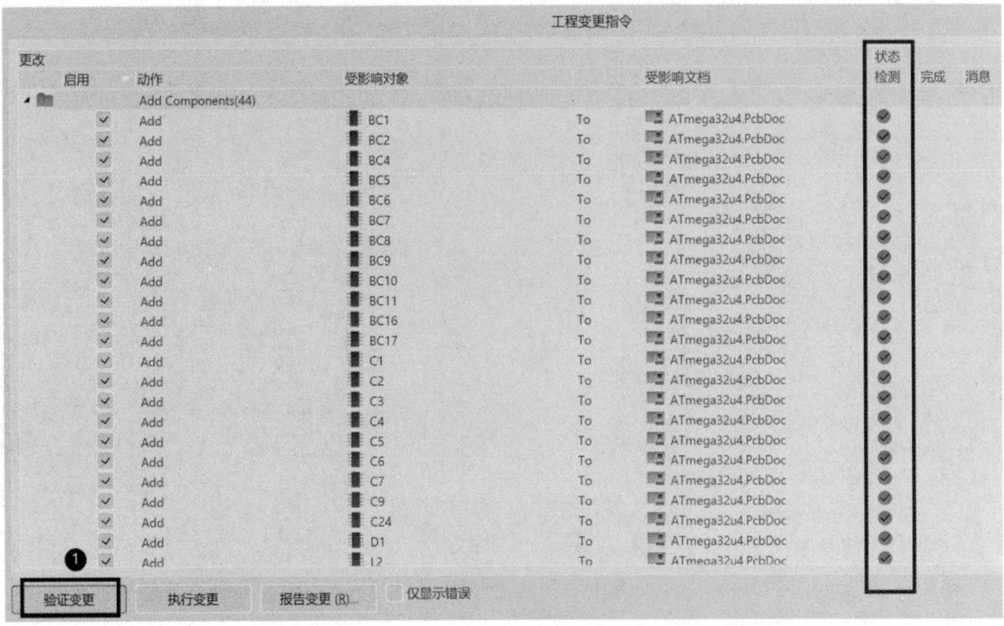

图 8-32　验证变更

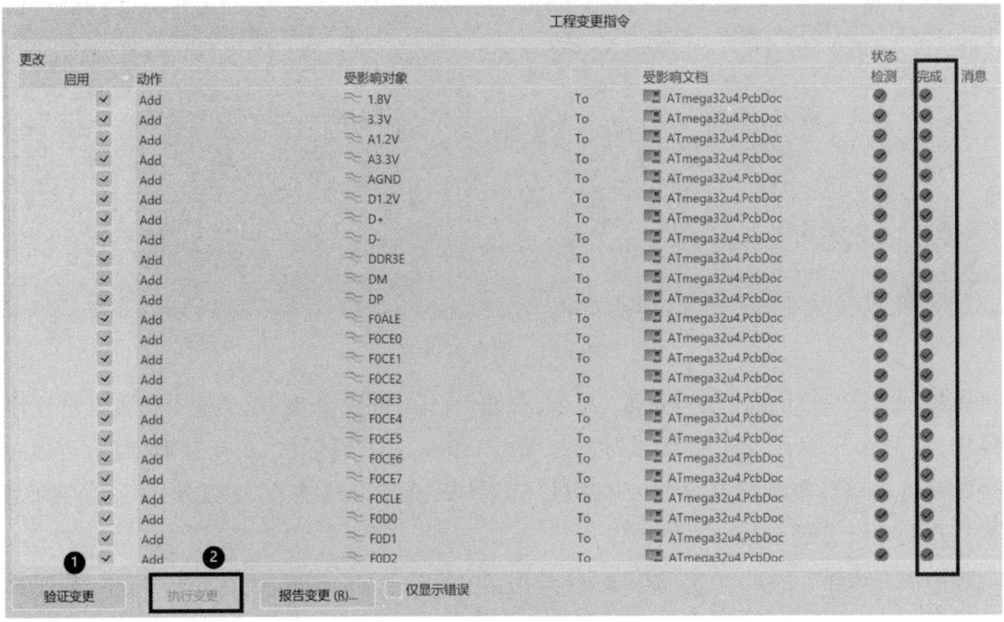

图 8-33　执行变更

本次设计采取四层板,需要将默认的两层板修改为四层。单击"设计"→"层叠管理器"命令,如图 8-36 所示,并按照图 8-37 设置即可。

手工调整布局:程序对元器件的自动布局一般以寻找最短布线路径为目标,因此元器件的自动布局不太理想,需要用户手工调整。

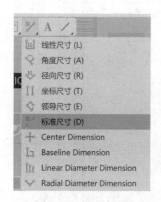

图 8-34　选择标尺

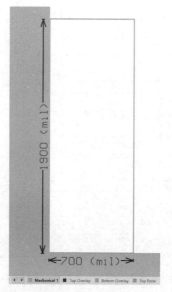

图 8-35　标记尺寸

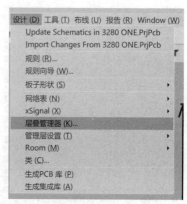

图 8-36　打开层叠管理器

#	Name	Material	Type	Weight	Thickness	Dk	Df
	Top Overlay		Overlay				
	Top Solder	Solder Resist	Solder Mask		0.4mil	3.5	
1	Top Layer		Signal	1oz	1.4mil		
	Dielectric 2	PP-006	Prepreg		2.8mil	4.1	0.02
2	+5V	CF-004	Signal	1oz	1.378mil		
	Dielectric 1	FR-4	Dielectric		12.6mil	4.8	
3	GND	CF-004	Signal	1oz	1.378mil		
	Dielectric 3	PP-006	Prepreg		2.8mil	4.1	0.02
4	Bottom Layer		Signal	1oz	1.4mil		
	Bottom Solder	Solder Resist	Solder Mask		0.4mil	3.5	
	Bottom Overlay		Overlay				

图 8-37　层叠管理器

布线：选择"自动布线"→"全部"命令，弹出"Situs 布线策略"对话框，全部按照程序默认设置，单击右下角的"Route ALL"按钮，弹出"Messages"对话框，关闭该对话框，自动布线完成之后可手动对布线进项调整。最后的布线结果如图 8-38 与图 8-39 所示（为方便印刷，将顶层与底层分开展示）。

加泪滴：选择"工具"→"泪滴"命令，弹出"泪滴选项"对话框，如图 8-40 所示，按照程序默认设置，单击右下角的"确定"按钮，完成加泪滴操作。

覆铜：选择"放置"→"覆铜"命令（或单击快速工具栏上的覆铜按钮），右侧弹出"覆铜"侧边栏，如图 8-41 所示，按下 Tab 键暂停，在属性中层设置为"Top"，在网络选项中链接到网络选择为"GND"，选中"Pour Over All Same Net Objects"与"Remove Dead Copper"，其余选项不变，单击屏幕中间的"暂停"按钮，弹出十字光标，设定覆铜范围，沿着"Mechanical"的外框均覆盖，单击后完成上表面覆铜。继续将余下的三个层进行覆铜"＋5V""GND""Bottom"，得到的最终覆铜。

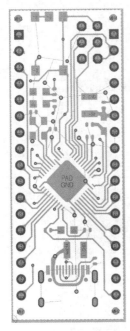

图 8-38 手动调整布局并布线(顶层)

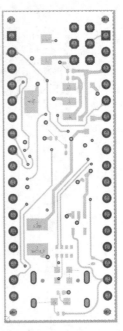

图 8-39 手动调整布局并布线(底层)

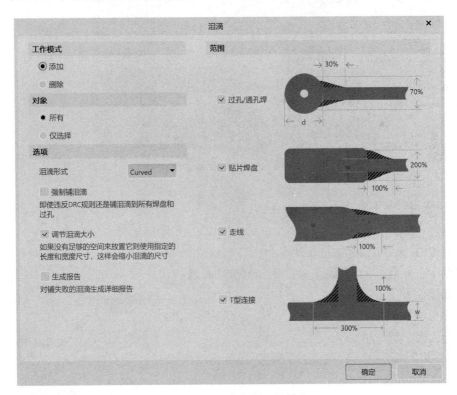

图 8-40 "泪滴选项"对话框

最后不要忘记调整丝印(Top Overlay 与 Bottom Overlay),使元件标号美观、合理、方便、实用。

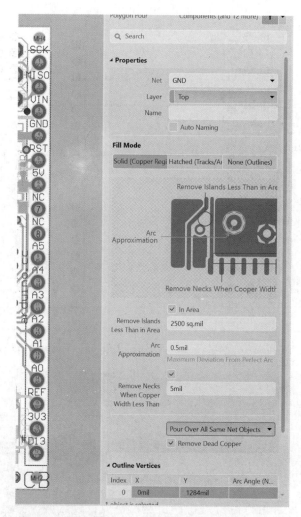

图 8-41　"覆铜"侧边栏

8.6　输出光绘和钻孔文件

　　想将 PCB 生产成电路板,需要将 PCB 文件输出为生产制造的 Gerber 文件,将 Gerber 文件发给生产厂家,具体流程如下文。

　　首先单击"文件"→"制造输出"→"Gerber Files",如图 8-42 所示。

　　在"通用"选项里,选择"英寸"和"2:5",如图 8-43 所示。

　　在"层"选项里,将"包括未连接的中间层焊盘"打钩,在"绘制层"下拉菜单里面选择"全选"(或者根据实际情况在 Layers To Plot 里面进行选择),在"映射层"下拉菜单里面选择"全部去掉",右边的机械层不要选,如图 8-44 所示。

图 8-42　制造输出

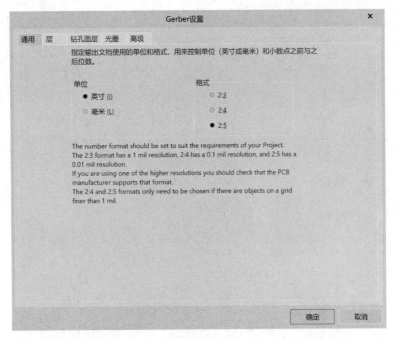

图 8-43 通用

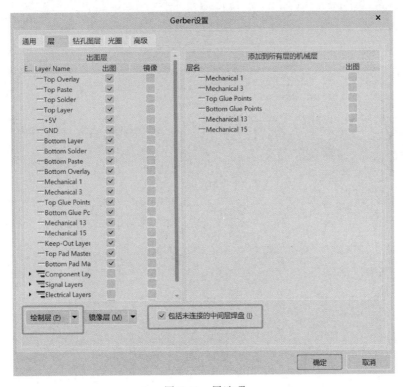

图 8-44 层选项

在"钻孔图层"选项中,一般在"钻孔图"和"钻孔向导图"都将"输出所有使用的钻孔对(Plot all used drill pairs)"打勾,镜像输出都不打勾,如图 8-45 所示。

在"光圈"选项里,将"嵌入的孔径(RS274X)"打勾,如图 8-46 所示。

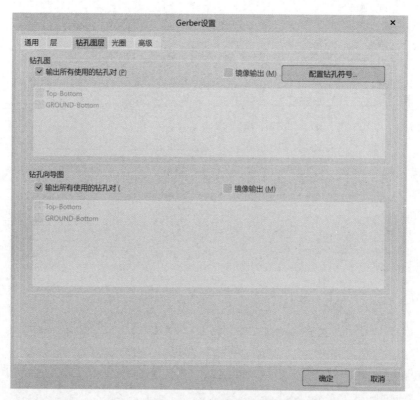

图 8-45 钻孔图层选项

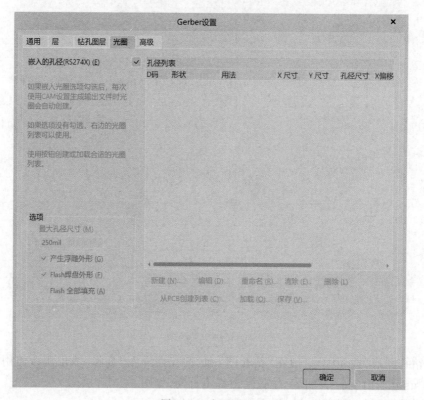

图 8-46 光圈选项

在"高级"选项里,在"首位/末尾的零(Leading/Trailing Zeroes)"区域,选中"起吊首位的零(Suppress leading zeroes)",如图 8-47 所示。

单击"确定"按钮,软件会自动转换出 Gerber 文件并打开。保存的路径默认是放在 PCB 工程文件下。导出的 Gerber 文件如图 8-48 所示。

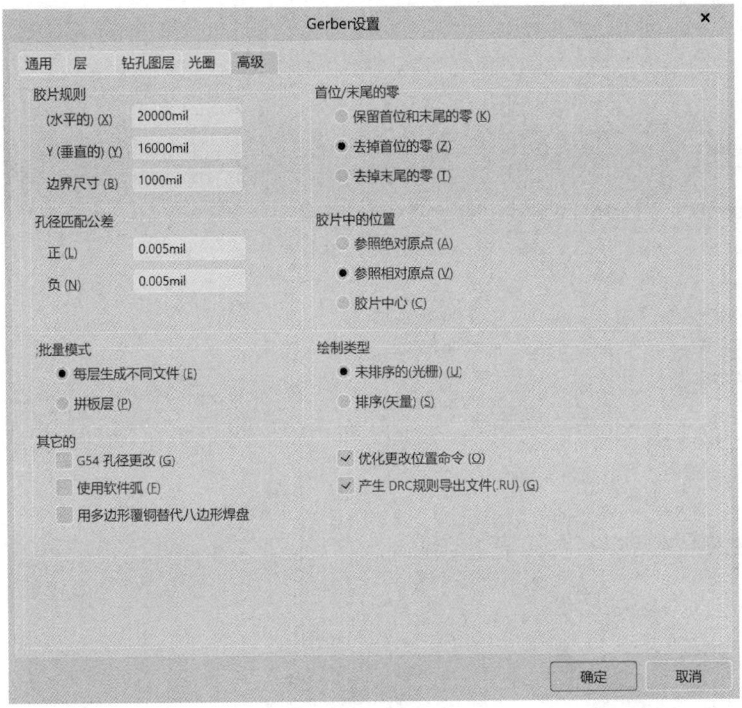

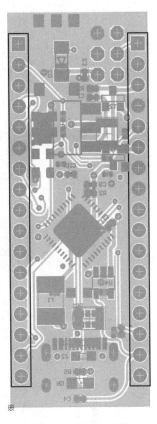

图 8-48　Gerber 图

图 8-47　高级选项

输出钻孔文件:单击文件→"制造输出"→"NC Drill Files"选项,如图 8-49 所示。

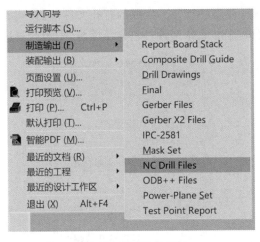

图 8-49　NC Drill Files

在 NC Drill 设置中,单位选择"英寸",格式选择 2:5,"前导/尾数零"(Leading/Trailing Zeroes)选择"摒弃前导零"(Suppress leading zeroes)(这里应与 Gerber 设置的"高级"选项的选择一致),如图 8-50 所示。

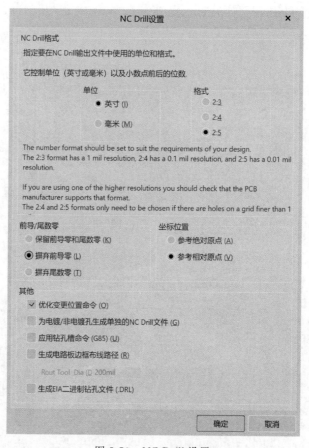

图 8-50　NC Drill 设置

单击"确定"按钮,将弹出输入钻孔数据对话框,如图 8-51 所示,再单击"确定"按钮。NC Drill 文件将自动生成,并自动打开。生成的打孔文件如图 8-52 所示。

最后,就可以将我们制作的成品文件打包为压缩包,发送给工厂进行生产。

图 8-51　导入钻孔数据

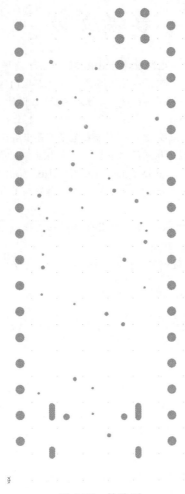

图 8-52 钻孔图

本章习题

（1）尝试动手自己设计一张电路图，并进行 PCB 制作。

（2）查阅行业最新的工艺参数和最新产业动态，剖析国内外技术现状与发展趋势。

参 考 文 献

[1] 吴琼伟,谢龙汉. Protel DXP 2004 电路设计与制版[M]. 北京：清华大学出版社,2014.

[2] 段荣霞,孟培. Altium Designer 20 电子设计指南[M]. 人民邮电出版社,2021.

[3] 谷树忠,倪虹霞 张磊. Altium Designer 教程——原理图、PCB 设计与仿真. 2 版. [M]. 电子工业出版社,2014.

[4] 宋新,袁啸林. Altium Designer 10 实战 100 例[M]. 电子工业出版社,2014.

[5] 闫聪聪. Altium Designer 电路设计从入门到精通[M]. 机械工业出版社,2015.

[6] 郑振宇,林超文,徐龙俊编著. Altium Designer PCB 画板速成(配视频)[M]. 电子工业出版社,2016.

[7] 边立健,李敏涛,胡允达编著. Altium Designer(Protel)原理图与 PCB 设计精讲教程[M]. 清华大学出版社,2017.

[8] 李秀霞编著. Altium Designer Winter 09 电路设计与仿真教程. 2 版. [M]. 北京航空航天大学出版社,2019.

[9] Altium Designer 中国技术支持中心. Altium Designer PCB 设计官方指南[M]. 清华大学出版社,2020.